阳光心态

唤醒积极工作的力量

SUNNY MOOD

编著／韩雅男

中华工商联合出版社

图书在版编目（CIP）数据

阳光心态：唤醒积极工作的力量 / 韩雅男编著. --
北京：中华工商联合出版社，2023.2
ISBN 978-7-5158-3601-0

Ⅰ. ①阳… Ⅱ. ①韩… Ⅲ. ①成功心理—通俗读物
Ⅳ. ① B848.4-49

中国国家版本馆CIP数据核字（2023）第027294号

阳光心态：唤醒积极工作的力量

作　　者：韩雅男
出 品 人：刘　刚
责任编辑：于建廷　效慧辉
封面设计：周　源
责任审读：傅德华
责任印制：迈致红
出版发行：中华工商联合出版社有限责任公司
印　　刷：北京毅峰迅捷印刷有限公司
版　　次：2023年4月第1版
印　　次：2023年4月第1次印刷
开　　本：710mm×1000mm　1/16
字　　数：240千字
印　　张：12.75
书　　号：ISBN 978-7-5158-3601-0
定　　价：45.00元

服务热线：010-58301130-0（前台）
销售热线：010-58301132（发行部）
　　　　　010-58302977（网店部）
　　　　　010-58302837（馆配部）
　　　　　010-58302813（团购部）
地址邮编：北京市西城区西环广场A座
　　　　　19-20层，100044
　　　　　http://www.chgslcbs.cn
投稿热线：010-58302907（总编室）
投稿邮箱：1621239583@qq.com

工商联版图书
版权所有　盗版必究

凡本社图书出现印装质量问题，
请与印务部联系。
联系电话：010-58302915

序　言

　　这是一本和心态有关的书，但我没有打算递上一碗纯粹的"鸡汤"。

　　耳熟能详的"鸡汤"，总是散发着满满的正能量，像个正襟危坐的智者一样发出警示语："比你优秀的人比你更努力""5点钟起床的人生赚翻了""当你熬过了所有苦难，生活就不会再给你难堪"……个中言语多半会戳人软肋，毕竟拖延、懒散、趋乐避苦是人的本能，容易让人条件反射般地产生情感共鸣。

　　可是，产生共鸣之后呢？残酷的现实依旧残酷，平庸的生活也不会因为一碗"鸡汤"而发生改变。扎心的真相往往是：即便迈过了当下的坎儿，下一秒会发生什么依旧是未知；即便起床的时间提前到早晨5点，也无法保证几年后就能一跃成为社会精英；即便你已足够优秀和自律，也无法时时刻刻都充满激情，难免还是会有不想努力的时候。

　　生活令人觉得"难"，工作令人觉得"苦"，前途令人觉得"迷茫"，大抵也是因为如此。更糟糕的是，当"鸡汤"无法改善眼前的处境，日子周而复始地循环着枯燥与无望时，为了平复内心的冲突与痛苦，许多人索性冒出了"躺平"的想法，不想再做任何抵抗，任由坏的结果发生。

　　其实，偶尔"躺平"一下，也没什么大不了。我们要允许自己生而为人——是人就会犯错、就会有弱点、就会有痛苦，但我们可以在失败中学到经验、在犯错中成长，这是生命中不可或缺的东西，也是它们共同构成了独特的"我"，让生命变得完整。

在口头上发泄压力，间歇性地喘口气，无奈地调侃一句"我就躺平了"，无须指责。真正要警惕的是在思想和行动上产生了"持续躺平"的倾向。这种状态貌似是看淡了一切，实则是内心被无力感深深地困住了，无法认可自己的价值，也无法从生活中获得喜悦与满足感。渐渐地，会在精神上变得麻木，丧失对生活的憧憬和其他事物的兴趣，感受不到"活着"的意义，很容易触发抑郁症。

生活从来不会变得容易，外部环境中的不确定性永远不会消失，不同的人生阶段永远都有艰难的考验，这些现实是无法逃避的。"躺平"解决不了任何问题，只会让自己成为问题。我们唯一能做的理性选择就是，调整自己的心态，用正确的姿态去应对生活的挑战。

调整心态，不是"鸡汤"里所说的"把苦难当成人生的财富""在难熬的日子里痛快地活""只要你努力，全世界都会帮你"……生活不是童话，苦难也不值得讴歌，云淡风轻的劝慰，犹如置身事外的旁观者姿态，毫无意义和价值。

调整心态，是利用心智的力量控制思维，从不同的视角审视问题，看清自己当下所处的状态，在充分认识现实的基础上，努力发现正向的资源，作出对自身、对事件最有益的选择，并付诸行动。拥有积极的心态，不是恒定不变地乐观向上，而是即便有情绪起伏、遇到麻烦与失败、生活与事业不尽如人意，也不会在挣扎中内耗，或以"躺平"的方式放任自流。

从理想的角度来说，谁都渴望抵达或超越内心预期的高度，站在金字塔尖上。可从现实的角度来看，并不是谁都能够书写出熠熠生辉的人生，在悠悠岁月里过活，总是平凡的日子占了重心；在茫茫人海里徘徊，也总是平凡的人成了多数。

拥有积极心态的意义，就是在认识到金字塔尖只有一个的时候，即便自己没能站到顶峰，也能够接纳平凡的现实，过好力所能及的生活，在所处的平台成为一块出色的"石头"，于日益精进中感受充实与喜悦。

正如《积极情绪的力量》中所云："我们并不是因为生活圆满、身体健康才感受到积极情绪的，而是积极情绪创造了圆满与健康的生活。"你怎样过一天，就怎样过一生；你怎样对待世界，世界就怎样对待你。愿你，不辜负时间，不敷衍自己。

Sunny Mood

目录

星期一　拒绝"躺平"的状态
　　——与自己和解没错,错的是持续性"躺平"

01. "躺平"的背后是什么心理？ / 002
02. 不解决问题,终会成为问题 / 004
03. 走出"习得性无助"的泥淖 / 007
04. 对自己说什么样的话很重要 / 010
05. 失望可能来自不合理的期望 / 013
06. 在不确定的世界,保持自己的节律 / 016
07. 改变现状须努力,更须有效的学习 / 019
08. 请和消极懒散的人拉开距离 / 023
09. 正向思考≠什么事情都往好处想 / 025
10. 消除因职业倦怠而"躺平"的隐患 / 028

星期二　给自己扎根的时间
　　——越想要向上生长,越得要向下扎根

01. 人生犹如马拉松,别过分关注配速 / 034
02. 普通人的"开挂",不过是厚积薄发 / 037

03. 从新手到大师，刻意练习必不可少 / 039
04. 付诸行动之前，先找对自己的位置 / 043
05. 拼命弥补短板，不如充分发挥优势 / 044
06. 价值来自稀缺，"会做" ≠ "精专" / 047
07. 简单的事重复做，重复的事用心做 / 052
08. 心可以向往远方，脚下的路要慢慢走 / 055
09. 学习他人的长处和优点，为自己所用 / 057

星期三　换工作不如换思维
　　　　——重塑工作的意义，追寻自我的价值

01. 不是工作需要你，而是你需要工作 / 062
02. 再平凡的工作，也可以缔造不平凡 / 065
03. "怎么做"比"做什么"更重要 / 068
04. 每一份职业都有其特殊的价值 / 070
05. 把工作变成一件让自己喜欢的事 / 073
06. 不是逃离了工作就可以逃离痛苦 / 075
07. 做事的过程就是提升自我的过程 / 079
08. 带着爱去工作，才会有饱满的状态 / 081

星期四　积极地应对问题
　　　　——拉开人生差距的，是解决问题的能力

01. 工作的实质是不断地解决问题 / 086
02. 解决问题的能力，决定你的工资待遇 / 089
03. 逻辑思考力是解决问题的底层逻辑 / 091
04. 分析出问题的根源，才能免除后患 / 094
05. 多思考"如何"，少感慨"如果" / 097

06. 学会改变自己，可以更好地解决问题 / 099
07. 无法独自解决问题时，要懂得借力 / 102
08. 依赖心理越强，能力退化得越快 / 104
09. 保持积极的信念，更容易想到办法 / 107

星期五　成为情绪的主人
——发泄情绪是本能，掌控情绪是本事

01. 掌控情绪不是隐忍，是以恰当的方式表达 / 112
02. 不会愤怒是悲哀，只会愤怒是愚蠢 / 116
03. 找出情绪雷区，避免为同样的事受困 / 120
04. 化解抱怨的情绪，喋喋不休是无用的 / 123
05. 正确处理委屈，把负面影响降到最低 / 127
06. 冲破心魔，带自己走出焦虑的风暴 / 130
07. 产生抑郁情绪时，要懂得自我保护 / 134
08. 调试心境，把压力控制在一定限度内 / 138

星期六　实干决定前途
——与其坐而论道，不如起而行之

01. 求真务实，踏实地做好本职工作 / 144
02. 小事成就大事，把工作做深做细 / 147
03. 即使是1%的错误，也不可以忽略 / 149
04. 勤奋不在于形式，而在于效率 / 152
05. 用正确的方法，做正确的事情 / 156
06. 知道什么事情对自己而言最重要 / 159
07. 不虚度零碎时间，哪怕只有5分钟 / 162
08. 持续行动，养成积极主动的习惯 / 164

星期日　保持成长型心态
——坦然面对不完美，积极地作出改变

01. 突破心中的束缚，看见成长的自己 / 170
02. 不完美不代表失败，成为最优主义者 / 174
03. 接纳真实的自己，不附加任何条件 / 177
04. 外界的评判，无法定义你的好坏 / 180
05. 把天性发挥到极致，就是最大的才华 / 183
06. 敢承认弱点，是滋生内在力量的起点 / 186
07. 不排斥他人的活法，也不轻易被同化 / 188
08. 无人鼓舞的时候，要懂得自我激励 / 190

拒绝"躺平"的状态

——与自己和解没错,错的是持续性"躺平"

01. "躺平"的背后是什么心理？

十几年前，"心灵鸡汤"格外盛行，字里行间都在鼓励现代年轻人，只要努力就可以改变人生。

如今，焦虑成了新的关键词，年轻人开始追随"认知升级"的脚步，为知识付费，利用碎片时间学着碎片化的知识，再一次为改变命运吹响号角。

几经努力后，情势和处境似乎还是老样子，这让许多人感觉有点沮丧。既然什么也改变不了，不如就随缘吧！于是，一批"佛系青年"就此问世。与此同时，批判声也日渐增多，社会各界开始指责年轻人不努力，没有上进心。

你说任你说，我不再对改变命运、跨越阶层抱有期望，有人开始利用"躺平"来抵抗内卷。然而，指责与批判的声音依旧此起彼伏，这又激起了一些年轻人的愤怒，他们开始化被动为主动——你说我"不努力"，我就"躺平"了！

什么是"躺平"？

"躺平"，是自认为看不到希望时，直接选择破罐子破摔的行为，故意做出阻碍自己变好的事情，如放弃努力、物质滥用、拖延等。

高昂的生活成本，各式各样的"内卷"，让现代人身心俱疲。"躺平"

的出现，恰好迎合了他们想要逃离难以承受的现实压力的心态，似乎是在向生活彰显最后的态度与自尊。"躺平"表面看起来好像什么都不在乎，实则是一种心理防御机制，避免被不好的结果伤得更深，也就是心理学上所说的"习得性无助"。

习得性无助

习得性无助是指，当一个人面对不可控的情境，认识到无论怎样努力都无法扭转不可避免的结果后，就会产生放弃努力的消极认知和行为，表现出无助和消沉等负面情绪。

深陷"躺平"的漩涡，会让人情绪低落、精神萎靡；长时间的习得性无助，会增加患抑郁症的可能性。陷入"躺平"状态中的人，习惯用偏激消极的视角去看待事物，原本没那么糟糕的事情，也会被认为"没有转机"；难以建立愉悦而健康的关系，看不到他人的好，也看不到自己的好；哪怕是客观因素导致的失败，也会把责任的矛头指向自己。

习得性无助，犹如一个恶性闭环（如下图所示）：人有了多次负面的感受后，会产生负面的预期，并不自觉地按照这一预期采取消极的行动，最终导致不良结果的发生，从而进一步强化当事人的负面体验，恶化其身心状态；每一次循环，负能量都在加深。

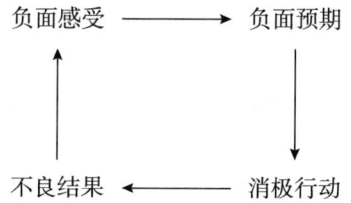

"躺平"不同于"摆烂"，后者是自甘堕落，前者是经历了长时间的挫

折后，给心理建立的防御机制。一个人几经努力之后，产生了"躺平"的想法，并不是他的错，而是天性使然。要知道，当事情正朝着坏的方向发展，人们总是巴不得直接"快进"到最糟糕的结果，心理学家将这种现象称为"决策中的坏消息偏好"。

决策中的坏消息偏好

人们在面临困难决策时，更希望听到相对糟糕的消息，以规避困难抉择。简单来说，人们宁愿接受一个极差的结果，也不愿意在两个较差的结果中选择一个，并为自己的选择负责。

尽管这一偏好是正常的心理现象，但它可能会带来不良影响，让人倾向于直接放弃改进和变好的机会。面对惨淡的现实，要继续抱有热情和勇气确实很难，但"躺平"也只是一时的避难所，终究会让我们越陷越深。正确的态度，还是要在自我理解的基础上，借助积极的思维和正确的方法，把自己从泥潭里拉出来。要相信，你我都拥有这样的能力。

02. 不解决问题，终会成为问题

美国海军陆战队有一个铁律：所有士官和军官，无论在工作上有多胜任，表现有多优秀，每隔半年都必须参加一次体能测试。未能通过测试者，将经历严格的重新考评。如果仍未过关，他的资历发展就可能到此终结。所以，无论是新入伍的士兵，还是久经沙场的军官，任何人都不敢懈怠，放松对自己的要求，或是躺在军功章上过高枕无忧的日子。

身为普通的职场人，我们无须像军人一样时刻保持备战状态，普通人也难以企及这一特殊职业的素养。人生是一场不匀速的长跑，有时需要蛰伏。真的疲累了，暂时松开紧绷的弦，放慢生活的节奏，甚至来一场说走就走的旅行，都是可以理解的，也不会对人生产生太大的影响。

真正可怕和糟糕的是，觉得生活不如意，索性破罐子破摔；觉得身边的人好像都没那么努力，干脆自己也不努力了；觉得付出没有得到理想的收获，就全盘否定自己、否定人生。

每个成年人都肩负着各种各样的责任，生活、家庭、事业，处处都是顶梁柱的角色。选择"躺平"和颓废，任由事情往坏的方向走，也许一时间会感觉到"无压一身轻"，但一个事实我们无法回避：生活的脚步不会停歇，遗留下来的烂摊子，终究还得要自己收拾。

羚羊与狮子的故事，想必你也听过。在非洲大草原上，狮子想要活命，就必须捕捉到羚羊作为食物；羚羊若要活命，就必须跑得比狮子更快。在这种没有退路的竞争状态下，大自然把狮子造就成了最强壮凶悍的食肉动物，也把羚羊造就成了最敏捷善跑的食草动物。

自然界的适者生存，不是淘汰羚羊或狮子，而是淘汰羚羊和狮子中不能适应环境的弱者。社会的残酷竞争，看似是淘汰对手的过程，实则是克服自身缺陷、不断精进自我的过程。社会与自然界一样，都遵循着优胜劣汰的法则，无论我们是"羚羊"还是"狮子"，无论我们愿意与否，想要好好地活下去，当太阳升起的时候，都必须要"跑"起来。

"躺平"背后的危机

现实中没有能用逃避换来的安稳与轻松，今天不想做、不去做的事，总有一天会以另一种方式还回来。想用"躺平"的方式换得安逸和平静，能持续多久呢？五年、十年，还能保住现在的岗位和职务吗？还能维系和现在一样的生活水准吗？

孙嫒在某大型企业工作已经15年了，工作和专业都算对口。刚参加工作那会儿，她干劲十足，也想做出点名堂来。渐渐地，她发现单位里人多事少，有时一整天下来，就是聊聊天、看看报，根本没什么事情可做。她想过跳槽，可又留恋这份轻松、收入不错的工作。渐渐地，她的心态也发生了变化——反正努不努力都是一样的，没必要折腾了。

前两年，企业改制，孙嫒下岗了。她忽然发现，自己陷入了尴尬的境地：想重新找工作，可过去的专业知识全丢了，没有实操的技术和经验。人到四十，还得从零起步，实在窘迫。

现实就是这样残酷：你不去解决问题，自己就会成为问题；你不消灭问题，最终就会被问题消灭。带着"躺平"的想法在职场里混日子，背后隐匿着可怕的危机。

◆**危机1：思维被固定的环境束缚**

外界的大环境始终处于快速变化中，新的职业、新的职位、新的工作模式层出不穷，"躺平"的状态会降低对这些事情的敏感度。久而久之，就会与时代脱钩，与职场脱钩。

◆**危机2：在"躺平"中懒散松懈**

抱着"躺平"的心态，遇事就想躲，见责就想推，对自己没有要求，人会变得愈发懒散、倦怠。倘若工作发生变动，调换了岗位，增加了任务，效率低下就成了必然，受挫的经历也会继续重演。

◆**危机3：职业竞争力不断下降**

舒适惬意的环境容易滋生懒惰，让人失去向前发展的动力和能力。在最该提升自我的阶段，选择"躺平"，等于选择了被淘汰的结局。也许，当下还体会不到这份痛苦，但它只会迟到，不会缺席。

羚羊和狮子在生存的压力之下，从不敢松懈一丝一毫。它们知道，如果不努力去奔跑，就意味着有一天会被大自然淘汰。职场一样遵循物竞天择的规律，没有危机意识的"躺平"行为，注定会让人麻痹、松懈，也注定会在激烈的竞争中被超越和淘汰，文凭和证书都保证不了你的位置。

03. 走出"习得性无助"的泥淖

阿凯原来在某汽车喷涂车间工作，只有中专学历的他对这份工作还是比较满意的，毕竟从家到单位不足3公里，骑自行车就可以上班，省去了通勤路费、房租和饭费。后来，工厂由于效益问题减产，业务量也没那么大了，车间隔三差五地放假。

放假必然会导致收入减少，可阿凯做事的认真劲儿并没有减少，他希望能靠自己的做事态度保住这份工作，熬过"寒冬"。无奈，工厂最后还是做出了减员的决定，阿凯也没能幸免。

失业后，阿凯又去了某超市做理货员，早晚班来回倒。他是个勤快的人，干活不偷奸耍滑，做了两个月后，他就适应了这份新的工作。在超市做了一年多，工作方面没有什么阻碍，麻烦是新出台的限行政策规定，阿凯开的外地牌照不能随意进入超市所在的区域。如果只是白班，乘坐公交可以解决，但冬天的夜班怎么回家呢？毕竟离家有二三十公里远呢！

无奈之下，阿凯只好辞掉了理货员的工作，再次踏上求职之路。此时，阿凯的心里夹杂着些许失望，还有些许愤怒，他觉得自己就像赵传歌里唱的那只"想要飞却怎么样也飞不高的小小鸟"，所有的努力在现实面前都失去了意义，他不知道接下来的路该怎么走？对于痛苦的现状，既充满了不甘，却只能无可奈何地接受。

当一个人在某一事件上接连不断地遭遇挫败，又无力改变现状时，就会陷入自暴自弃中。结合阿凯的经历不难看出，他对现实感到无望的这种心理状态，就是一种习得性无助。

美国心理学家塞利格曼，是当年习得性无助实验的早期研究者之一。时隔五十年后，他在回顾这项研究时发现：经历长时间的挫折后，小鼠和人类情绪低落、抑郁的无助行为并不是习得的，事实恰恰相反，这种无助是未习得的状态。

长时间地面对恶劣的环境，人类的默认反应就是焦虑和抑郁。至于人们为何可以在逆境中前行，原因是来自前额叶的高级皮质对这种默认反应产生了抑制作用。所以，我们完全可以借助认知行为疗法，不让自己轻易地回到默认状态。

ABCDE模型：改变不合理信念

心理学家阿尔伯特·埃利斯认为：触发情绪的不是逆境，而是我们对逆境的认知。在逆境面前，是我们的信念导致了情绪结果。一旦我们认识到这一点，就能够关注到自己在事件面前的无意识反应，找出其中的不合理信念，用积极、客观的想法取代它。

A：诱发事件　　B：信念　　C：结果　　D：驳斥　　E：交换

A：诱发事件——任何引起紧张的情形。

例："老板又对我的方案提出了修改意见。"

B：整理出由该事件带来的信念——如何评价诱发事件。

例："也许是我能力不行吧！"

C：评估结果——消极信念导致的消极行为，会带来什么样的结果。

例："我太差劲了，老板肯定很失望，也许我应该离开，以免太被动。"

D：驳斥——积极地驳斥那些非理性信念。

例："沟通过程中，老板的态度很真诚，也认可了我的一些想法。他应该只是认为这份方案在细节上有待完善，不是在质疑我的能力。"

E：交换——由理性信念带来的积极的新行为。

例："我可以再完善一下细节，争取做得全面一些。"

你看，事情本身并没有发生任何变化，但是改变了看待它的方式，就能对我们产生不一样的影响。如果能够及时觉察出自己想法中不合理的成分，及时进行调整，可以帮助我们有效地阻断负面情绪的恶化，减少身心上的无谓消耗，更为客观地看待问题、处理问题。

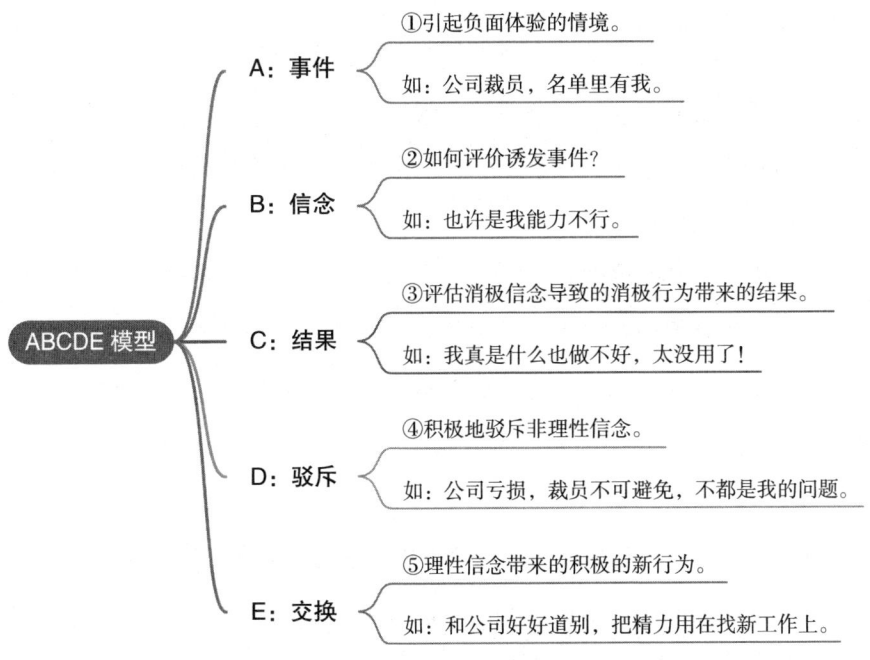

电影《肖申克的救赎》里，对于习得性无助具备极强免疫力的主人公安迪说过："每个人都是自己的上帝，如果你自己都放弃自己了，还有谁会救你。懦怯囚禁人的灵魂，希望可以令你感受自由。这个世界上可以穿透一切高墙的东西，就在我们的内心深处，那就是希望，希望是美好的事物，也许是世上最美好的事物，美好的事物永不消逝。强者自救，圣者渡人。"

同一件事情，由于认知的不同，产生的情绪也会大相径庭，不同的情绪又会引导我们下一个行为的走向。要走出习得性无助的泥淖，阻断"躺平"的想法，最重要的就是驳斥非理性信念，改变对当前状况的错误归因和悲观看法，从而找到积极应对问题的切入口。

04. 对自己说什么样的话很重要

阿凯距离第二次失业三个月后，银行卡里的余额已明显不足，可他还是提不起精神去找工作，似乎是决意要"躺平"到底了。在外人面前，他是一副满不在乎的样子。可是，一个人的时候，他还是会感到焦躁、惶恐、迷茫，还有一丝自卑。

连续两次遭遇被动失业，让阿凯不再相信自己，也对生活丧失了热情。他不知道还能否找到一份相对满意的工作？能否靠自己的努力获得稳定的生活？每每想到这些，他又会感叹命运，觉得"靠自己改变生活"是一个伪命题。

命运到底是什么？我想，你可能也思考过这个问题，且有自己的答案。从心理学角度来说，命运是内心潜意识的折射，只是自己不知道而已。当潜意识被呈现时，命运就会被改写。

自证预言

人在陷入习得性无助中后，往往会产生消极的认知，并不自觉地按照已知的预言来行事，最终令预言发生，然后将其称之为"命运"。

一个人自认为不是读书的材料，就算有时间也不会去温习，因为他认定了读了也不会懂，结果考试一塌糊涂。然后，他会对自己说："我果然不是一个读书的材料。"

一个人认定这辈子都不会有人欣赏自己，就会在不知不觉中延续会让自己变得更差的习惯，暴食、熬夜、懒散、敷衍，结果真的把生活和工作搞得一塌糊涂。

心理暗示

人在对自己进行认识、了解的过程中，很容易受到外界的影响，从而在自我认知上出现偏差。自证预言在现实生活中被频频验证，实际上就是心理暗示造成的结果。

一个人习惯在心理上进行什么样的自我暗示，他就会成为什么样的人，过什么样的生活，有什么样的结局。如果你总是对自己说"我不行""我做不到""我肯定得失败"，你的脑海就会被这个"预言"紧紧包围，阻止你去做积极的尝试。最糟糕的是，时间久了，它会让你在心里默认一个"高度"，并用它来暗示自己：我没有能力做到。

注意你对自己说的话

英国心理学家哈德·菲尔德曾经做过一个实验：在三种不同的情况下，让三个人用力地握住测力计，以观察抓力的变化。结果显示：在清醒的状况下，三个人的平均抓力只有100磅；当他们被催眠后，抓力变成了29磅，仅为正常体力的1/3；当他们得知自己正在被催眠并赋予能量时，他们的平均抓力则达到了140磅！

实验告诉我们：当一个人的内心充满积极的想法时，会激发出更多的力量。

遗憾的是，我们并不常向自己传达积极的信息。《对自己说什么》一书的作者沙德·黑尔姆施泰特尖锐地指出："80%或者更多的——你和自我的对话，都是关于你的缺点的。"

自我暗示对自我评价有着巨大的影响，甚至有时会让我们相信一些虚假的评价。事实上，在多数情况下，我们并不像自己想象中那样糟糕。我们需要改善的是与自己对话的内容，把消极的暗示换成传达积极的信息，这对于激发自我即刻行动十分奏效。

在接收一项新的任务或挑战时，你要用积极的暗示给自己信心，减少畏难情绪：

——"只要多收集一些资料，我肯定能找到解决问题的办法。"

——"这任务有点儿难，但也是一个挑战自我的机会，我可以尝试一下！"

——"我控制过比现在更糟糕的局势，有什么可担忧的呢？"

在行动过程中，也要及时地给予自己积极暗示，让自己更有信心完成剩余的工作，并明晰完成任务后能获得益处。当一切都变得积极、明朗时，就会萌生更多的动力。

05. 失望可能来自不合理的期望

没有人一开始就会"躺平"，"躺平"的人往往是经历了挫败和挣扎，当意识到自己无力改变现状时，才选择放弃对某些东西的追求，平复自己内心的冲突。从另一个角度来说，"躺平"的人多半是不甘平庸的，他们曾有理想、有追求，只是由于各种原因在现实中屡屡碰壁，才用放弃努力、拒绝争取的方式回归到"零压力"的状态，获得暂时的轻松。

在处理现实问题的过程中，产生挫败感是难以避免的，且原因是多方面的。我们必须学会正确归因，即正确地看待成败，这是自我心理调适的一个重要途径。

挫败究竟是外部环境所致，还是自身存在问题？当两者兼具时，各占的责任比例是多少？在归因的过程中，我们能够更清楚地看到事件背后真正的决定因素，减少精神上的无谓消耗，针对根本问题采取有效的改善措施，扭转糟糕的处境。

第一次见到海峰时，他看起来特别憔悴，情绪也很消沉。

他原是某科技公司的技术骨干，而后辞掉工作，尝试自主创业。置身于商界，面对残酷的竞争，九死一生的情况应验了，海峰创业失败。虽说是小公司，可遣散员工要给予补偿，处理完相应的事宜，账户已是亏空状态，他自己的积蓄也都赔进去了。

海峰变得消极、颓废，每天沉浸在自责与痛苦中，怪自己太莽撞。生活还要继续，可是海峰无力招架，在渴望生活与痛苦无力的裹挟下，他向专业的咨询师求助。原来，海峰的心里存在着一个冲突：为了生存想去求职，可是一般的职位他看不上，而高一点的职位他又担心自己做不来。尽管工作多年，但他对自身的能力并没有正确的认识。

经过一段时间的深入交流和探讨，海峰的情绪状态有了好转，他也意识到自己创业失败、阻碍求职行动的根源是——眼高手低。之后，他决定降低自己的期望值，先找一份自己擅长的、能够驾驭的工作安定下来，慢慢成长、积累经验，蓄势待发。

期望效应

1964年，北美著名心理学家维克托·弗鲁姆提出了一个"期望效应"：人们之所以能够从事某项工作，并愿意高效率地去完成这项工作，是因为这项工作和组织目标会帮助我们达到自己的目标，满足自己某方面的需求。

希望晋升加薪，所以尽心尽力地工作；希望保持健康的身体，所以坚持每天运动打卡；希望拿到全勤奖金，所以连续一个月都没有迟到……我们之所以付诸努力，就是因为心存期待，这份期待消除了我们在工作和生活中的消极情绪与各种心理不适，激发我们内在对所做之事的热爱，从而自主自愿地做好该做的事。

如果说，有期望就有动力，那是不是期望越大，动力就越强呢？是不是有了期望，就不会"躺平"了呢？海峰的经历告诉我们，事实并非如此。弗鲁姆也指出，某一活动对某人的激励力量，取决于他所能得到结果的全部预期价值乘以他认为达成结果的期望概率。

M（激励力量）= V（目标效价）× E（期望值）。

当一个人有需要并且能够通过努力满足这种需要时，其行为的积极性才会被激活。如果期望过高，就很难达到所期望的结果，那么期望带来的激励效果也会大打折扣。只有期望值适度，才能有效地调动积极性，激发出内在的潜能。

请注意，这是一个重要的提示：当你在生活或工作中屡屡受挫时，除了要考虑外部环境的影响，还要考虑自身的期望值是否合理？合理的期望是一种正确评估，在愿望和实际情况之间找到最佳的平衡点。如果设置的期望值过高，失败的概率必然会增加；不对期望值进行调整，只是一厢情愿地努力，就不能责备"命运不公""时运不济"了。

合理的期望值

设置期望值有助于更好地实现目标，那么合理的期望值是什么样的呢？

◆ **不要脱离现实**

一切脱离实际的理论都是空谈，在设定期望值的时候也要基于现实。不切实际的念头不是"期望值"，而是漫无边际的臆想。

◆ **略高于自己的实际水平**

设置期望值时，要比自身的实际水平略高一点。向这一"期望"靠近的过程，恰恰是我们成长的过程，即便最后达不到期望值的水平，结果也不会太差。

◆ **有自己的独特性**

每个人的人生道路不尽相同，期望值所涵盖的内容也包罗万象，所以在设置期望值的时候要结合自己的实际情况而定，不从众、不跟风。这一路也许风雨兼程，但请你始终保持难得的清醒，一切以客观现实为基础，最终成为那个"手可摘星辰"的人。

06. 在不确定的世界，保持自己的节律

人生有太多事情是难以预料的，在面对不确定性时的态度，体现着人与人在心理弹性上的差异。有些人会在不确定中焦虑彷徨，任由意志力被慢慢消磨光；有些人会在不确定的世界，努力做好确定的自己。

没有人能够让生活完全地按计划前行，当意外的状况来袭时，焦虑是没有用的，"躺平"也只会让情况变得更糟，因为生活对谁都是一样的，无常才是正常。认识并接受这个现实之后，我们要做的是及时止损，在不确定的处境中，保持内心的秩序感，做好确定的自己。

新冠肺炎疫情严峻的那段时间，作家薇薇说她很焦躁。毕竟，待在家里不能出门，对生活娱乐丰富的现代人来说，一天两天还好，但一下子在家待一两个周，不能出门活动，很容易引发负面的情绪。

薇薇尚没有达到过度恐慌的程度，但她无法像往常那样，保证规律的作息，按部就班地工作了，虽然她是一个自由职业者，已有八九年居家办公的经验。那些日子，她白天心神不宁，晚上刷手机看新闻到很晚，早上睡到10点钟，吃饭也变得不规律，以前保持的运动与健康饮食习惯，一下子都被打破了……连续几天，她都没有打开电脑，明知道自己积压着稿子，可就是"身不由己"。

这一连串的问题，让她深深陷入焦虑与自责的怪圈中，感觉自己就像在"躺平"。庆幸的是，在这个节骨眼上，她读到了一位心理老师写的一篇文章："弥漫恐惧下的不确定，以及对这不确定的无能为力，正是焦虑的根源。"

至于解决之道，答案也很简单——"做好自己，稳定自己，就是对灾难的贡献，或者没那么伟大，你本不就该如此吗？话说回来，做不好自己也正常，任何无意义感，任何低价值、低自尊，都是你本来就有的，而不是危机所致。"

刹那间，薇薇似乎理解自己，也原谅自己了。她决定放自己一马，接纳眼前弥漫的不确定，也接纳当下的自己无法专注地看书写字，然后告诉自己——这些都是可以的。

她不再埋怨自己睡到10点钟，但尝试把闹钟定在了8点半，随着悦耳的铃声慢慢醒来；第二天再把闹铃调到8点，第三天调到7点半，给自己三天的时间，逐渐回归正常的作息。

她不再强迫自己每天必须完成多少任务，适时地打开电脑，做点简单的文字梳理，找回工作的感觉。她还给自己买了一个新的运动手环，在家里打开"锻炼模式"，看自己的心率变化，给室内运动增加乐趣……大概用了五天时间，一切都开始朝着好的方向走了。

"居家隔离"的日子结束后，薇薇顺利地完成了5万字的文稿，还成功地减重十斤。

对薇薇来说，这是一段感触至深的体验；对我们而言，这也是有启发性的实例。

世界是不断变化的，生活总是会处于波动的状态。在不确定的处境中，我们能够做的就是努力把握自己的节律，看到自己当下最需要的东西，并计划一种新的生活方式来帮助自己获得相对平稳的状态。

合理地安排工作任务，吃干净健康的食物，做力所能及的运动……看似都是简单的小事，但它们能够让人维持内心的秩序感，减少外界环境的

负面影响，提升内心的定力，不慌不忙地按照自己的步调前行。越忙乱、慌张、情绪低谷和局面失控时，越要维系内心的秩序感，以此抚平焦虑、清除杂念、沉淀能量。

所谓的内心强大和自律，其实就是保持自己的节律，透过力所能及的小事、有规律的重复性动作，厘清思路、调动内心的能量，快速地回归生活的正轨。退一步说，即便有些问题可能真的无法变好，理性地认识到这一点，也能帮助我们的内心恢复些许平静，放下过度忧虑的心，在混乱的迷雾中找寻通往下一步的道路。

07. 改变现状须努力，更须有效的学习

"世界变化太快了，有很长一段时间，我觉得自己心力不足，追赶不上它的脚步。那时候，我慌乱、焦急、烦躁不安，不知道该怎么办？那感觉，就好像被世界抛弃了，心里非常失落。后来我知道，是我对生活失去了信心，对自己失去了信心。

"身处一个浮躁的大环境，没有一颗强大的内心，肯定无法安心地活着。于是，我开始像年轻人一样，坚持每天学习，为心灵充电加油。慢慢地，我看到了自己的进步，而我也在进步中体会到了充实的滋味，逐渐找回了生活的信心。"

这不是什么演讲稿，而是梅丽尔的真实生活体验。梅丽尔是一位普通的老人，多年来她一直坚持学习，一家有名的报刊却用整个版面刊登了对她的专访。

白天她在一家百货公司打工，是一名普普通通的售货员；晚上她和很

多年轻人一起走进夜校，用四年的时间，完成了高中教育的全部课程，之后又开始攻读大学课程。

很多人不理解梅丽尔的行为：都这么大岁数了，不好好享受晚年，还折腾什么？

梅丽尔解释说，她在学习中获得了前所未有的快乐。年轻时，因为家庭的关系，也因为自己的无知，错过了学习的好机会。现在，她最大的愿望就是坚持学习，把自己的学历提升到高中，之后是大学，最后做一名律师。

"现在，我的理想已经完成了一半。按照我的进度推算，大学课程可能要花费五年或者更长的时间。没关系，我很有耐心，也很享受学习的过程。每次考过一门课程，我都觉得距离理想又靠近了一步，心中的快乐也多了一分。现在的我，感觉年轻了许多。"

对任何人而言，在任何年龄段，充盈内心、减少焦虑的最佳途径都是学习，它能让人体会到思想逐渐变得深厚的喜悦，看到生命的成长和潜能。特别是在经历挫败之后，更应该全面、客观地审视自我，思考在哪方面学习和精进更有助于改变现状？

罗曼·罗兰说："在你要战胜外来的敌人之前，先得战胜你自己内在的敌人；你不必害怕沉沦与堕落，只要你能不断地自拔与更新。"每个人在生活或工作的经历中，都会有这样或那样的遗憾和不足，勇敢地面对自己、正视自己是必修的功课。经常反省，有效地学习，提升解决现实问题的能力，才能拥有改变现状的底气。

这是一个需要终身学习的时代，不进则退的道理多数人都明白，真正让人困惑和沮丧的是——明明读了很多书，从未停下奔忙的脚步，为什么生活和工作还是老样子？面对努力无果的处境，谁都不免会产生疑问：学习到底有没有用？看书到底有没有价值？

学习知识和技能，肯定是有用的，这一点毋庸置疑。关键的问题是，你读了多少本书、听了多少场讲座和经验分享不重要，重要的是，你有没有一个思维框架？如果一个人的脑子里根本没有建筑图纸，他却一直搬砖，结果会是什么？不言而喻，砖搬得再多，也就是一堆砖，不可能变成房子。

低水平重复≠有效的学习

认知心理学告诉我们：大脑只能以自己已经理解的东西来解读新的东西。

最初给自己大脑植入的东西层次越高，用它去理解其他东西就越容易豁然开朗。如果只是用大脑中现存的"低水平的内容"去解码新的东西，就会陷入"知识没少学，却无任何长进"的怪圈。

人的知识和技能，可分为层层嵌套的三个圆形区域：

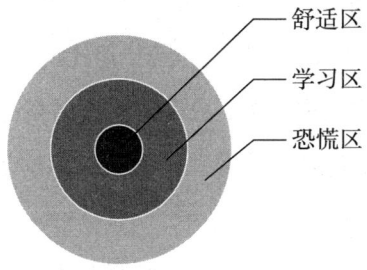

◆ **最里层：舒适区**

最里面的一层叫作"舒适区"，是我们已经熟练掌握的各种技能。在这个区域里做事，就是我们每天过着的正常生活，几乎没什么太大的变动。

◆ **中间层：学习区**

中间的一层叫作"学习区"，要想精进，就要持续地在"学习区"做事，才能获得进步。如果只是停留在"舒适区",那就无异于在进行低水平的重复,是很难获得进步的。

◆ **最外层:恐慌区**

最外面的一层叫作"恐慌区",是我们暂时无法学会的技能。

至此我们不难理解:纵使读了很多书,听了很多课程,如果只是低水平地重复(停留在舒适区),基本就属于无效学习。知道只是知道而已,并不是真正的知识。

"1万小时定律"=针对性练习

不是任何事情坚持了 1 万小时就会有建树,提出这一定律的马尔科姆,真正想告诉人们的是:那些在专业领域做出大成就的人,都是进行了有针对性的练习,而不是低水平的重复。

以阅读这件事来说,不是看了 1 万小时的网文,就能吸收很多知识;要认真地、精心地去钻研某一领域的知识,这 1 万小时的付出才有价值。两者的区别就像走路和原地踏步:一步步地往前走,该拐弯的时候拐弯,该迈坎的时候迈坎,才能去远方;只是双脚交替着原地踏步,同样的动作重复"1 万小时",除了耗费点时间,不会有任何改变。

努力≠简单机械地重复

努力,不是简单机械化的重复,始终停留在舒适区内,用看似没有停歇的行为,去安慰自己说"我在努力""我很努力"。努力,要日新月异、不断超越,更多的时候是在不舒服的状态下去磨砺和提升自己,每天进步一点点,最终产生质的改变。

当每一个今天的你，跟昨天的你相比，都有区别和进步时，你才能说自己是真的在努力；也唯有这样的努力，才能给你想要的蜕变，而不是浪费了时间与青春，却换来一个越来越迷茫的未来。

08. 请和消极懒散的人拉开距离

没有人能够完全摆脱社交网络，与什么样的人在一起，直接影响着我们的状态。特别是碰到了消极懒散的人，时不时地拿出一副"躺平"的姿态，在你正准备一鼓作气地做好自己该做的事时，泼上一盆冷水，用悲观丧气浇熄你内心的热情。

这样的情境，在张杰的生活中经常发生。他是一家4S店的维修技师，手艺不错，不少客户来修车时甚至指定要找他，这也给他带来了成就感和价值感。半年前，店里新来了一位同事，比张杰年长七八岁，从事维修工作的时间也比他更久。原本，张杰还希望能跟着这位前辈多学点东西，没想到这位大哥竟然成了他的"负能量开关"。

那位大哥做事不太仔细，态度也很消极，整天在张杰面前不停地晃荡，向他宣扬"工作无趣""人生无望"的言论，让他闹心至极。张杰说："我就是一个普通青年，没有那么高的修行，可以对他的言行举止做到视而不见、充耳不闻。说实话，我现在还处于迷茫期呢！每天看见他的样子，听着他的消极言论，心里莫名地想发脾气！"

有类似经历的朋友，应当能理解张杰的处境与感受，周围有一个消极怠工、总想"躺平"的人，喋喋不休地传递着负能量，很容易消耗心智能量。如果想保持一个良性的状态，必须和身边的"躺平"者拉开距离，切记别被他们"拉下水",一起随波逐流。在有消极因素的干扰之下,我们要学会为自己营造积极的氛围。

那么,该如何应对消极懒散的"躺平"者呢?

◆ **专注于自己的事,忽视懒散者的言行**

罗宾斯说:"我们会花更多的时间去关注那些偷懒的同事,而不是专心于自己的工作。"

当你周围有消极的"躺平"者,终日处于浑浑噩噩的状态中时,不管他在做什么,不要去琢磨他,专注于自己的事。当你成功地屏蔽他的言行,完成了一项任务时,你会涌出一种成就感,这种美好的感觉会带给你更多正向的力量。

◆ **谈及与工作无关的事时,不要被诱惑**

懒散的"躺平"者有一个毛病,做事总是"开小差",一会儿喝杯咖啡,一会儿去趟厕所,一会儿看看新闻,有时还会找旁人聊聊天。当他找到你时,谈及与工作无关的事,千万不要被诱惑。一旦你被他诱惑了,结果就是你必须为这一刻的闲聊付出加班的代价。你要坚定地告诉对方:"我现在正忙,回头再聊。"你的拒绝,可以让对方清楚地了解到你的态度,识趣地不再"拉拢"你。

◆ **划分清楚职责,避免受到牵连**

跟"躺平"的人合作是很麻烦的事,如果偏偏不凑巧,你所在的团队就有这样的人,那你一定要摆明态度,事先划分清楚职责,并且还要让团队的其他成员都知道——"躺平"者负责哪一个环节!这样做的目的,是防止他把消极怠工导致的麻烦推给你(或他人)。在大家都知晓的情况下,可以有效地保证无辜者不受牵连。

◆ **刻意疏远懒散之人,与积极的人交往**

如果整天跟悲观消极的"躺平"者聊天,情绪难免会受到影响,总要花费一点时间才能把自己从坏情绪中拉出来。这种不必要的精力耗费能省则省,不妨与之拉开距离,多与积极向上、行动力强的人交往,这也是对自己的一种保护。

为自己营造积极的工作氛围，没有固定的标准，大家可以根据自身的情况设立适用于自己的规则。有了这样的"框架"，即便周围存在"躺平"的人，不断地发出消极抱怨的声音，我们也可以稳住自己的心，及时提醒自己——该做什么，不该做什么。

09. 正向思考≠什么事情都往好处想

当一个人被负向思维支配时，对事物的解释永远都是消极的，并总能给自己找到消极和"躺平"的借口，最终得到消极的结果。紧接着，这种消极的结果又会逆向强化"躺平"的想法，使之成为更加消极的人。沉浸在这种自我怀疑、自我设限的状态中，会让人陷入僵化思维的牢笼中精疲力竭，彻底丧失信心与希望。

心理学家说过：人在出生后，内心犹如一粒种子，蕴含着无限的潜力和可能性，等待着自己去挖掘。要发挥这些潜能，学会正向思考、保持乐观的心态很重要。对于同一个问题，换一个角度去思考，答案就会大相径庭。所以，我们要学会发掘并利用大脑正向思考的技能。

正向思考≠盲目乐观

提到正向思考，许多人会想到一句话："凡事要往好处想。"这是不是正向思考的核心呢？美国畅销书作家芭芭拉·艾伦瑞克在《失控的正向思考中》写到了自己的一段经历，或许能给我们带来一些感触和启发。

芭芭拉最初关注正向思考，是因为她罹患了乳腺癌。在治疗的过程中，她接触到了一种文化。这种文化不允许患者表达悲观、失望与怨恨，盲目地鼓励患者乐观，并宣称乐观可以提高免疫力，治疗癌症。更有疯狂者，竟将癌症视为一份礼物，声称癌症令人乐观起来，积极地面对人生。

这是正向思考吗？确切地说，这是盲目的乐观。

盲目的乐观是不切实际的，是僵化的教条主义，它拒绝了人的自然情感的表达，阻碍了人们认清真相、分析现实的路径。盲目的乐观给人戴上了一副眼镜，掩盖了生活的方方面面，让人无法面对现实。对任何人来说，罹患癌症都是一件悲伤的事，不去谈论它，假装忘记它，压抑住情绪、逃避现实，甚至将其视为"礼物"，能改变事实吗？对治疗疾病、改善情绪有实际的效用吗？不用多说，我们心里都知晓答案。

现实的乐观主义精神

正向思考一定是扎根于现实的，我们要培养的也是这种现实的乐观主义精神，既不消极看待问题，也不盲目乐观，深刻地认清事实与真相，然后尽己所能地朝着好的方向去努力。

赵睿因车祸导致截肢，不能再从事原来的司机工作，但他并没有想过"躺平"，而是接纳了截肢的现实，以乐观的态度回归到日常生活中——了解哪些事情是自己可以做的？哪些事情是禁止做的？哪些事情是可以慢慢尝试的？适应和过去不一样的生活，重新找寻位置。

那么，我们要如何培养现实的乐观主义精神呢？

◆ 认识自我的局限性，创建现实的目标

面对现实的第一项任务，就是认识自我的局限性，知道哪些事情是自己能做的,哪些是无法企及的,哪些是有可能通过努力获得的?把这些事情列一个清单,有助于提升乐观主义的精神,因为清单能够让人直观地看到许多事情是可控的,即便是那些有困难的问题也不意味着完全没有实现的可能。

◆ **跳出过去的失误,立足于当下**

经常沉溺于过去的错误与失误中,很容易产生"我是一个失败者"的想法,继而自暴自弃。这是一种严重损伤精力的反刍思维,也是悲观消极的负向思维。

现实的乐观主义者会怎么处理呢?当一些回忆在脑海中浮现出来时,他们会提醒自己:"这已经是当时的自己所能做的最好的选择了!我已从中吸取教训,现在和将来,我要尽量保证不再犯同样的错误。"

◆ **系统地看待问题,了解事实与真相**

很多人容易被负面消息干扰,殊不知传播很广的信息未必是事实,有可能只是他人的观点。人的认知存在局限性,因而越是重大的事件,越要系统地看待,判断信息的质量,了解信息的来源,认清事实与真相,再思考解决办法,而不是把精力白白浪费在那些看起来糟糕却并非事实的问题上。

◆ **做最坏的打算,朝最好的方向努力**

很多事情都是正反两面的,再坏的事情也有积极的一面。处理问题要从好的方面入手,但也要尽可能周全地考虑到最坏的情况,并做好应对措施。换句话说,即便知道事态并不乐观,却依然能够采取积极的行动。

数据科学家 Michael Toth 结合实际的分析结果,曾对巴菲特作出这样的评价:"即使是在一些消极的情绪状态下,巴菲特也会努力想出解决方案,找到前进的正确道路。当事情进展不尽如人意的时候,他会非常轻松和坦诚地承认这一点。不管是伯克希尔哈撒韦公司的业绩不佳,还是宏观的市场不景气,他都能做到轻松地告诉别人这一点。"

◆ **享受微小的成功，增强自我效能感**

很多人关注事物的消极面，往往是出于避免为自己的行为承担责任。如果把事情归咎于外界的环境或他人，就算做得不够好、不完美，也不是自己的问题。毫无疑问，这是一种变相的逃避，现实的乐观主义者不会这样做，他们承认挫折会发生，也知道事情不总是完美的，但依然会为小小的成功而感到开心，并在积累小成功的过程中增强自我效能感。

总而言之，现实的乐观主义精神不是盲目的乐观，也不是毫无畏惧的鲁莽，而是认清了事实与真相、评估了现实的挑战之后，依然秉持勇往直前的决心，并为之采取积极的行动。

10. 消除因职业倦怠而"躺平"的隐患

晓雯最近在工作方面遇到了一些烦恼。她自述总是觉得身心疲惫，临睡前想到第二天要上班就发怵，在公司里心情更是低落，脾气也变得越来越差。

之前，领导交代给晓雯的事情，她都会尽力做好，现在是能拖就拖，拖到不能拖了才去做。听到同事说话就心烦，只想戴着耳机；领导一来，她心里就发紧，特别不想和领导对话。

晓雯所在的行政部门，平时也负责招聘工作。上半年，公司走了几个业务员，一直没有找到合适的，业务部经理很着急，催促了晓雯好几次，希望赶紧招人填补空缺。晓雯在这件事上，明显感觉力不从心，每天查看七八份简历、面试一两个人，就觉得很累了。她打心眼里根本不想跟应聘者沟通，懒得说话，可行政部又没有其他人负责，只好硬着头皮去做。

以前做事积极的晓雯，现在垂头丧气，每天下班就是抱着手机百无聊赖地刷，刷完了又陷入后悔和自责中，觉得不该这么浑浑噩噩地"躺平"。

当一个人长期从事某种职业，机械单调地重复某些事务，渐渐就会感到疲惫、困乏乃至厌倦，在工作中难以打起精神，只是依靠着惯性来工作。每一个职场人都可能会经历这样的阶段。加拿大著名心理大师克里斯汀·马斯勒将处于这一状况下的职场人称之为"企业睡人"，形容他们在工作中休眠了，无法高效地处理问题。至于他们所遇到的问题，可以用一个专业名词来形容——职业倦怠。

职业倦怠

职业倦怠，就是指无法顺利应对工作重压时的一种消极抵抗情绪，或者是因为长期连续处于工作压力下而表现的一种情感、态度和行为的衰竭状态。严重的倦怠情绪，会让人丧失前进的动力，经常对生活和工作感到厌烦，陷入"躺平"的状态。

任何一份工作，无论性质和内容是什么，在经过时间的磨砺和工作流程的梳理后，都会产生倦怠。可以说，倦怠期是工作本身不可避免的一部分，谁都有可能与它不期而遇。有一项调查显示：62%的人都曾经历过职场倦怠，且现代人产生职场倦怠的周期越来越短，有些人只工作了半年，就进入了职业倦怠期。

在面对职业倦怠时，不少人会想到辞职休假。这是缓解疲惫的一个即时方法，但依靠外在去解决问题，终究是治标不治本。真正有效的办法是，减少心理损耗，增强心理能量；打破舒适区，寻求新的挑战。

消除职业倦怠

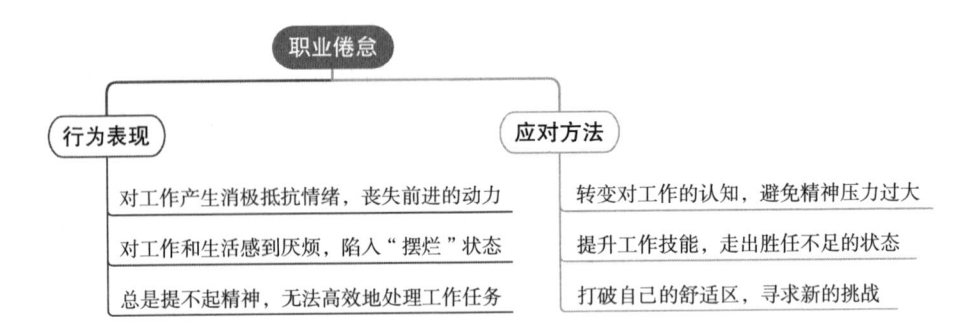

```
                    ┌─── 职业倦怠 ───┐
                    │               │
                行为表现           应对方法

        对工作产生消极抵抗情绪，丧失前进的动力      转变对工作的认知，避免精神压力过大
        对工作和生活感到厌烦，陷入"摆烂"状态      提升工作技能，走出胜任不足的状态
        总是提不起精神，无法高效地处理工作任务      打破自己的舒适区，寻求新的挑战
```

◆ **方法 1：转变对工作的认知，避免精神压力过大**

当大脑长期处于高度紧张的状态，没办法得到正常的休息时，很容易产生疲惫、焦躁、抑郁等不良反应。比如：工作要求每个月必须完成一定量的任务，倘若不能完成，就拿不到提成。为了拿到报酬，许多人干脆"连轴转"，时间久了，就出现了不良反应。

处理这样的情况，最好的缓解方式就是：转变对工作的认识，意识到工作不是生活的全部。尽量把工作和生活区分开来，每天或每周拿出一点时间，彻底放松休息。

◆ **方法 2：提升工作技能，走出胜任不足的状态**

当工作能力与岗位要求不匹配时，很容易因胜任不足产生倦怠，工作感觉很吃力，看不到前途。面对这样的情况，要把精力放在提升工作技能上，多向同事和领导学习、请教，端正态度去应对工作中遇到的问题，切忌破罐子破摔。

◆ **方法 3：打破自己的舒适区，寻求新的挑战**

当工作流程熟稔于心，日复一日地重复，就会感觉毫无新意，渐渐丧失激情。这种因工作顺遂、游刃有余产生的倦怠感，其本质是自我认知处于舒适区，不愿也不想打破舒适区。在这种状态中，人是很容易沉迷的。面对这样的职业倦怠，需要加强忧患意识，在工作中主动寻求新的挑战，去承接难度更大的工作。

提到新的挑战，不少人会想到换工作，并将其作为应对职业倦怠的一种选择。其实，跳槽带来的变化只是形式上的——环境、待遇或职称，但工作内容未必有质的改变。待浮于表面的新鲜感过去后，倦怠还会重来。只有跳槽带来的是新的工作内容，迫使你走出舒适区，去学习和进步，才能真正地走出倦怠。从这一点上来说，就算不跳槽，在原有的工作中寻求难度更大的项目，一样可以解决问题。

星 期 二

给自己扎根的时间
——越想要向上生长,越得要向下扎根

01. 人生犹如马拉松，别过分关注配速

　　1984年的东京国际马拉松邀请赛中，一举夺冠的是一位名不见经传的日本选手——山田本一。众所周知，马拉松比赛比的就是一个体力和耐力，而这个其貌不扬的矮个子选手又是靠什么取胜的呢？当记者采访他时，山田本一轻描淡写地说："我只是凭智慧战胜对手。"对此，外界一片唏嘘，都认为这个偶然跑到前面的选手是在故弄玄虚。

　　两年后，意大利国际马拉松邀请赛上，山田本一又一次获得了世界冠军。这一次，记者更正式地请他谈谈经验。性情木讷、不善言谈的山田本一回答的仍然是上次那句话：用智慧战胜对手。这句话虽然没有引起媒体的再度挖苦，却对其大感不解。

　　这回记者在报纸上没再挖苦他，但对他所谓的智慧还是迷惑不解。

　　十年后，山田本一在他的自传中终于揭开了谜底，他这样写道："起初参赛时，我并没有发现这个秘密，而是像大多数人一样，把目标定在40多公里外终点线上的那面旗帜上。结果跑到十几公里时，我就疲惫不堪了，我被前面那段遥远的路程给吓倒了。后来我在每次比赛前都乘车把比赛的线路仔细看一遍，并把沿途比较醒目的标志画下来，比如第一个标志是银行，第二个标志是一棵大树，第三个标志是一座红房子……这样一直画到赛程的终点。比赛开始后，我以百米的速度奋力地向第一个目标冲去。等到达第一个目标后，我又以同样的速度向第二个目标冲去。40多公里的赛

程，被我分解成这么几个小目标轻松地跑完了。"

马拉松是一项高负荷、大强度、长距离的竞技比赛，是有志于长距离跑者的目标，它既是生理上的挑战，也是心理上的挑战，在训练过程中还要讲究方式方法，不是有决心和意志力就能完成的目标。人生常常被比喻成一场马拉松，因为两者有太多的相似之处。即使你没有跑过马拉松，在日常三公里或五公里的慢跑过程中，也可以有所体会。

目标——分解目标，循序渐进地完成

无论是三公里、五公里的日常练习，还是几十公里的半马或全马，都有一个既定的距离，也就是目标。我们的生活和工作也是一样，没有目标就没有方向。但是，有了目标也不意味着就可以顺利地完成任务。

人有趋乐避苦的天性，无论是长距离跑，还是有挑战性的工作任务，很容易因目标过大而让人望而生畏，阻碍行动。所以，我们要学会分解目标，制定详细的计划，循序渐进地完成，切忌一蹴而就。

节奏——遵循心率，不过分关注配速

跑马拉松的时候，如果能做到平均分配体力，全程匀速跑下来，无疑是一种比较理想的状态。但在现实生活中，多数跑者达不到这样的状态，更为常见的情况是前半程因体力较好速度快些，后半程随着体力的下降配速也会降低，但不影响跑完全程。

马拉松配速跑的本质是混氧跑，强度介于有氧阈和无氧阈之间。如果前半程跑得太快、太急，靠近无氧阈，身体长时间处于高乳酸环境中，很

容易因疲劳而停摆。所以，跑马拉松时不要过分地关注配速，每个人的体质与训练时间不一样，要让心率和配速和谐共存。否则，不仅会带来糟糕的跑步体验，还会让自己陷入疲惫的循环。

人生不也是这样吗？通往理想的路不是百米冲刺，而是一场长距离的挑战，不能因为周围人跑得快了，就打乱自己的节奏，透支太多的体力和精力，往往难以撑到最后。每个人都有自己的时区、自己的步幅和步频，跑得稳才能跑得远，不断超越自己就是胜利。

坚持——痛苦时可以放慢速度，但别放弃

跑步的时候，肌肉中乳酸的堆积会产生疲劳感，很多人在这种生理的磨炼下选择了放弃。成长的过程和跑步一样，也夹杂着痛苦，学习任何一种技能，从事任何一份工作，要走出舒适区，历经"刻意练习"的环节。

痛苦是真实存在的，我们如何支撑自己熬过去呢？

"累的话，就把速度放到最慢，但不要停下来。"如果你跟随手机 APP 的跑步课程训练过，应该听到过类似这样的话。对，放慢速度，让心率慢下来，给身体得以休息和恢复的时间，避免疲劳性损伤。休息过后，再适当加快步频，继续下一段路程。

心态——享受不断进步的过程，而非痛苦的掠取

马拉松跑者兼作家村上春树说："终点线只是一个记号而已，其实并没有什么意义，关键是这一路你是如何跑的。"在追求自我成长、技能精进的路上，真正的胜利者、满足者，不是在急功近利中带着痛苦掠取结果的人，

而是专注于当下，享受每一个阶段性进步的喜悦。

人生像一场马拉松，学会按照长跑的目标调整自己的步幅和步频。也许，中途会有人以短跑的姿态从你身边一跃而过，成为暂时的领先者。不要因为暂时的落后心慌意乱，按照自己的节奏跑，该快的时候快，该慢的时候慢，专注脚下的每一步。

如果你从未加入过跑者的队列，如果你想更深刻地体会这些文字的意义，在身体条件允许的情况下，给自己制订一个跑步计划，切身地体验一下"跑步即人生"。

02. 普通人的"开挂"，不过是厚积薄发

请你花几分钟的时间，思考一道颇有趣味的数学题：荷塘里有一片荷叶，假设荷叶的数量每天会增长一倍，30天可以长满整个荷塘。试问：在第28天的时候，荷塘里有多少荷叶？

怎么样，算出答案了吗？如果觉得有点"绕"，你可以试着"从后往前推"：

荷叶每天的变化速度是一样的，既然第30天的时候会长满整个荷塘，那么在第29天的时候自然就是1/2，而再前一天即28天的时候，就是29天的一半，即1/2的一半1/4。所以，第28天的时候，荷塘里有1/4的荷叶。

想象一下第28天和第30天的画面，一个是只能望见荷塘的一角有些许荷叶，另一个是铺满了整个荷塘。仅相隔一天，肉眼所见的景象相去甚远。如果让我们亲自观察这一过程，熬过漫长的28天后，还是看不到明显

的变化，不免令人感到焦急和失落，甚至会有人放弃观察。我们很难想到，只要再多等一天，那小小的一角就会扩大到整个荷塘。

普通人的"人生开挂"，不过是厚积薄发

这说明什么呢？在追求目标的路上，许多人都期待看到"第29天"的希望，还有"第30天"的成功，却不愿忍受漫长的成功过程，故而在"第28天"的时候放弃。同时，它也从另一个角度提醒我们：对普通人而言，没有什么"人生开挂"，有的只是厚积薄发。

我们每一天所做的每一件事，都是在为将来做准备；今天取得的任何一项成就、获取的任何一个新创意，都得益于过去某一天的积累；未来某一天的一个新突破，也可能得益于今天不经意的积累。有些事情当时看来微不足道，可若坚持下去，往往会在几个月甚至几年以后产生影响，最终改变整个人生。

20世纪初，在太平洋两岸的日本和美国，有两个年轻人都在为自己的人生努力着。

日本人每月雷打不动地把工资和奖金的1/3存入银行，哪怕是在手头拮据的时候，他也坚持这么做，宁肯去借钱也不动用银行里的存款。

那个美国人的情况就更糟了，他整天躲在狭小的地下室里，将数百万根的K线一根根地画到纸上，贴在墙上，然后对着这些K线静静地思索。有时候，他甚至能对着一张K线图发上几个小时的呆。后来，他干脆把来自美国证券市场有史以来的记录都搜罗在一起，在那些杂乱无章的数据中寻找规律性的东西。因为没有客户，挣不到什么钱，他几乎都是靠朋友的接济勉强维持生活。

这样的日子，两个年轻人各自延续了六年。这六年里，日本人靠自己的勤俭积攒下了 5 万美元的存款，美国人集中研究了美国证券市场的走势和古老数学、几何学及星相学的关系。

六年后，日本人用自己在省吃俭用状况下积累财富的经历打动了一名银行家，并从银行家那里得到了创业所需的 100 万美元的贷款，创立了麦当劳在日本的第一家分公司，并成为麦当劳日本连锁公司的掌门人。他，就是藤田田。

此时，那个美国人怎么样了呢？他已经有了自己的经纪公司，并发现了最重要的有关证券市场发展趋势的预测方法，他把这一方法命名为"控制时间因素"。在金融投资生涯中，他赚到了 5 亿美元的财富，成为华尔街上靠研究理论而白手起家的传奇人物。他就是世界证券行业里最重要的"波浪理论"的创始人——威廉·江恩。现如今，世界各地金融领域的从业人员，依然将其理论作为必修之课。

藤田田凭借着勤俭起家，江恩依靠研究 K 线理论致富，两个人身处太平洋的两岸，没有任何的交集。然而，他们的经历却有着极为相似的地方，那就是从一点一滴的努力中创造并积累了成功所需的条件。

从平凡到优秀，再到卓越，并非一件多么神奇的事情。如果我们懂得蝴蝶效应，懂得积累的意义，就会立足于当下，每天进步一点点。当这些不起眼的"一点点"不断叠加、不断放大，明天就会和昨天出现天壤之别。

03. 从新手到大师，刻意练习必不可少

立足当下，慢慢积累实力，不是一句安慰人的"鸡汤"，而是一种行动

指向。

许多人过于迷信天赋理念，内心很想去做某件事，却因从未尝试过而放不开手脚，没有信心和勇气；或是小试牛刀地做了一次，未能得到预期的结果，就认为自己缺少这方面的天赋，主动选择了放弃。在这样的情形之下，"成功需要时间""实力需要积累""每天进步一点点"，就彻底沦为了空谈和"鸡汤"，让人感觉不靠谱。

正确认识"天赋"

天赋是决定人生高度和事业成就的主要因素吗？我们有必要正确认识一下这个问题。

音乐大师莫扎特，14岁在教堂听了一首歌后，就能凭借记忆把它全部默写出来。这首歌大概有两分钟，且有好几个声部。很多人会说，这就是天赋。可这并不是事情的全部真相，莫扎特在6岁的时候，就已经完成了3500小时的练习，是由他父亲指导的。

莫扎特的父亲，也是一个音乐家，出版过《小提琴奏法》。他放弃了宫廷乐师的工作，把全部心思和精力都放在莫扎特身上。看到这里的时候，我们还能坚定地认为：莫扎特能把那首曲子默写出来，完全是凭借天赋吗？

不可否认，天赋代表着某种天生的特性，可以让一个人在相同起点的情况下比别人成长得更快一些，但这并不意味着有天赋的人不努力就可以达成某种目标，或是抵达某种高度。

"天才"源自刻意练习

畅销书《异类》的作者格拉德威尔提出一个理论："人们眼中的天才之

所以卓越非凡，并非天资超人一等，而是付出了持续不断的努力，只要经过一万小时的锤炼，任何人都能平凡变成超凡。"这就是著名的"一万小时定律"。

刻意练习的过程是很艰辛的，它不是重复我们已经掌握了的东西，而是不断去挑战难度更高的内容。如果一个人在某方面有天赋，但他不能维持刻意练习的热情，也是很难成功的。

关于刻意练习，心理学家K.安德斯·埃里克森将其定义为：为了掌握某种能力，有意识地付出努力，投入到某项活动中。只有有意识地重复，才会引起大脑神经的变化。最终，随着时间的推移，大脑不再对这项活动感到不适，成为我们无意识的一种能力。

刻意练习的正确打开方式

正确而有效的刻意练习，应当更侧重于练习的"质"，而不是练习的"量"。

◆ **跳出舒适区，在学习区通过努力完成一些挑战**

你应该还记得我们谈到的"低水平重复"以及学习区域的图，如果一直在舒适区练习，水平很难提升，因为这个区域的事情大多是可以轻松完成的。恐慌区是我们难以企及的领域和能力，当前难以掌握，所以最好的练习方式就是在学习区内通过努力去完成一些挑战。

◆ **大量重复，把有意识的反应变成无意识的反应**

你可以结合自己的实际情况反思一下：每天的工作和学习内容中，分布在各个区域的情况是什么样的？如果在学习区的刻意练习微乎其微，就要重新审视了。

学习任何一种新东西，都是在打破惯性思维进行大脑重构的过程。要建立起重构以后的稳定神经结构，需要反复练习，这是一个将有意识变成无意识的过程。

就像学习骑自行车，开始时很难，当你能够完全掌控车子的平衡，可以骑着它前进后，坚持不断地练习，假以时日就能把骑车变成一种无意识的反应，不需要再刻意掌握平衡，甚至可以一边骑车一边做出高难度动作。

◆ 以错误为核心，通过反复练习获得持续有效的反馈

刻意练习的艰辛在于，它不是重复已掌握的东西，而更多地是以错误为核心的。

还是以骑自行车为例，如果上来就能骑着走，根本不需要学习。恰恰是因为无法掌控平衡，才要去练习，避免让车子向左右偏移。工作方面也如是，如果你从现在的领域跳槽到一个新的领域，你肯定需要跳出舒适区，去学习新的技能。这期间，你难免会碰到问题，会犯错误，但正是因为遇到了阻碍、犯了错误，才能从中学到东西。

◆ 在刻意练习的过程中，保持高度的专注力

两个人都在学习区内练习，练习的时间一样，且都有反馈，结果是不是也一样？答案是否定的，这还牵涉到一个因素：练习时的状态。

如果一个人在练习时总是分心，而另一个则进入了心流状态，结果会有很大差异。刻意练习是一件非常耗费心力的事，需要专注和持续。

不过，人的精力都是有限的，很难有人可以长时间地进行刻意练习。对我们来说，最好的办法就是，提升时间的性价比。找到自己的优势，在状态最好的黄金时间段，做高效而专注的刻意练习。

04. 付诸行动之前，先找对自己的位置

在国外留学的朋友 Sam，跟我讲过这样一件事。

一次，他打车到朋友家参加聚会，司机长着一头金色的头发，衣着也不起眼，可给人的感觉却很精神。为了消除路途中的烦闷，朋友跟司机聊了起来，没想到司机很健谈，讲起了自己的人生经历。

司机年轻时热爱篮球运动，甚至想过进入 NBA，后来他发现，自己根本不是打篮球的料。随后，他就进入一家大公司上班，虽然工作中表现不错，可因为性格自由散漫，难以忍受公司里条条框框的制度约束，就辞职了。

再后来，他在朋友的鼓动下开始投资餐饮业，散漫的他在管理上大大咧咧，最后导致餐馆失火，所有努力都化为灰烬。不甘心的他，在家人的帮助下又开始经商，可商场里的尔虞我诈他根本应付不来，折腾了一圈后，他把那些产业交给了有从商经验的亲人打理，自己又开起了出租车。

Sam 本来替司机感到惋惜，但司机却耸耸肩，说："经过这么多事，我才知道，最适合我的位置，可能就是司机。我性格散漫，喜欢开车四处乱跑，这种自由是任何人都无法体会的。"就是这番话，让 Sam 大受启发。事后，他跟我说："在这个世界上，每个人都有自己的位置。很多时候，不是位置越高越好，而是适合自己的最好。"

行走在职场，人好比是"脚"，位置好比是"鞋"，虽然漫长的职场路要靠脚来走，可选择什么样的路、在路上能走多远、走路时的心情好坏，都与鞋息息相关。没有任何一个错误定位自己的人能够逃脱平庸的命运，也没有任何一个清晰定位自己的人会成为平庸之辈，付诸努力、进行刻意

练习之前，给自己选一双"正确的鞋"，才能健步如飞，越走越远。

给自己定位时，如果是以社会地位、威望、体面、金钱等元素为标准，很容易蒙蔽心智，被动地应付工作，阻碍特长的发挥；唯有从事与自己特长相符的工作，才能实现资源的最佳配置。如果不知道自己的特长在哪儿，或者说不考虑自身的实际情况，反其道而行，往往就会陷入"高智商低绩效"的怪圈。所以，属于个人的最佳位置不是赚钱多、职位高的岗位，而是最适合自己、最能发挥自己优势、最能调动自己内在热情的工作。

那么，在职场的坐标中，如何确定现在的位置是否适合自己呢？

你可以结合以下三个条件来判断：

◆条件1：有强烈的兴趣，没有薪水也乐意去做

◆条件2：有明晰的意义感，确信在工作中实现了自我价值

◆条件3：有实际的经济收益，可以依靠它维持生活

如果上述的三个条件都可以满足，那么这个职业和位置就是适合你的。如果你对现下的工作状况不太满意，甚至对工作提不起兴致，那你有必要认真想想：这个职位到底适不适合你？你是否有必要重新给自己定位？

在扭转现状的过程中，不要着急，也不要妄自菲薄，一定要记住："每个人在努力未成功之前，都是在寻找适合自己的种子。如同一块块土地，肥沃也好，贫瘠也好，总会有属于这块土地的种子。你不能期望沙漠中有绽放的百合，你也不能奢求水塘里有孑然的绿竹，但你可以在黑土地上播种五谷，在泥沼里撒下莲子。"

05. 拼命弥补短板，不如充分发挥优势

见城彻是日本知名的出版家，他小时候因为身材矮小、性格执拗，经

常被同学嘲笑和欺负。面对这样的处境，见城彻并没有甘愿受辱，而是积极地想办法扭转不利的局面。

怎么扭转呢？增加身高，还是改变执拗的性格？确实都是可选的办法，但身高受基因的影响较大，性格也不是短时间就能改变的，况且真的改变了，也就不是自己了。见城彻也想过把身体练得强壮一点，这样能够在一定程度上避免挨揍。可即便能打得过那些欺负自己的人，还是得不到想要的那种融洽的人际关系，况且谁能保证他们不会在暗地里给自己使绊子呢？

几经思考，见城彻放弃了弥补短板的选项，他决定从优势入手去解决问题。他喜欢看书，自控力较强，擅长坚持不懈地做一件事。于是，他就把自己塑造成一个博学的人，以此来赢得周围人的尊重。确定了努力的方向之后，他就把所有的课外时间用来看书，经过一段时间的坚持，同学们果然意识到他是一颗"智多星"，由此也减少了与他的冲突。

成年后，见城彻再次发挥他的优势和长处，投身出版界，最终成了优秀的出版家。

很多时候，我们会陷入一个怪圈，试图弥补自己的缺陷，希冀得到一个圆满。越是努力，却越是受挫，最后距离圆满越来越远。这种跟短板"死磕"的做法，实在是太得不偿失了，也会让我们精疲力尽。天才永远是少数的，每个人或多或少都会存在一些短板和弱点，非要跟这些不足较劲，就是在为难自己。

成功在于最大限度地发挥优势，而不是克服弱点。损控可以防止失败，但永远不可能将我们提升至卓越。对于那些不足之处，只要加以控制，让它不至于影响优势发挥就可以。

"红点黑点"：复盘优劣势

在复盘自身的优劣势时，可参考杨萃先在《进阶》中提出的"红点黑点"策略："红点"，就是自身的强项，"黑点就是自身的弱项。利用"红点"寻找适合自己的岗位，利用"黑点"排除不适合自己的岗位，以避免选错工作、进错行业。

你在生活中应该也有过这样的体验：在做某些事情的时候，虽然很用心，却总是不太成功，无法达成预期的状态，做得也不开心；相反，做另外的一些事情时，似乎没太费劲，却很容易上手，也很有成就感；其实，这就是"红点"和"黑点"在发挥效用。

你可以回顾过去十年的经历，看看自己在哪些方面实现了明显的升值，在哪些方面走了弯路或栽了跟头，区分"红点"和"黑点"。然后，再根据圈出的"红点"去寻找适合自己的位置，在发挥优势的基础上，进行正确的刻意练习，实现更好地升值。

需要说明的是，个人的优势不是固定不变的，也会随着时间和环境的改变而变化。时隔五年或十年，就要重新复盘自己的优劣势，从而调整自己的位置。

如何建立自己的优势人生？

◆ **精准学习：识别主导才干，有针对性地学习**

很多人总在不断地学习各方面的技能，却没有换得多少实际效应，问题就出在缺乏针对性，没有发现自己的主导才干。举例来说，你对绘画感兴趣，且具备这方面的才干，可以选择学习与之相关的技能，如平面设计、绘本插画等，这样更容易打造出核心竞争力。

◆**鉴别才干：留意自己学习新事物时的反应**

有时我们对某一件事感兴趣，青睐某一个职业，有可能是因为好奇。遇到这样的情况，最好的方法是深入、全面、具体地了解这个新事物，如果发现自己不如一开始那么喜欢，就表示我们对这个事物只是一时好奇。如果在全面了解后，依然很渴望，说明我们对这个东西是真的喜欢。带着这份热爱，可以学得更快，也更容易获得满足感。

◆**遵从内心：持续观察自己的行为与情感**

找到自己喜欢的领域，是一件幸运的事。然而，在找到之后能够坚持多久，又是一个问题。我们需要观察自己在做这件事的时候有多少成效？进步如何？做起来有多难？做的时候是否愉快？是否有成就感？如果没有外在的回报，你还愿意做下去吗？如果你的回答都是积极的、肯定的，那么这条路就是适合你的，能让你发挥出才干和潜能的。

选择不只是一种抉择，更是一种能力。这种能力，是对自己清晰的认知，知道自己能做什么、不能做什么，擅长做什么、不擅长做什么，喜欢做什么、不喜欢做什么。这种能力，是对直觉的判断，知道自己在哪方面最容易脱颖而出，在哪个领域最容易成为专才。

06. 价值来自稀缺，"会做" ≠ "精专"

巴黎一家五星级大酒店里有个小厨师，长相憨厚老实，他没有什么特长，做不出那些能上大场面的菜，一直都给主厨打下手。不过，他会制作一道非常特别的甜点——把两个苹果的果肉放进一个苹果中，那个苹果就显得特别丰满，但从外表上看，完全看不出来是两只苹果拼起来的，就像是自然长成的一样，且果核也被巧妙地去掉了，吃起来别有一番味道。

有一位长期包住酒店的妇人，无意间发现了这道甜点，品尝过后非常喜欢。妇人在酒店长期包了一套最贵的套房，一年里只有不到一个月的时间在这儿度过，但她每次来都会点那个小厨师做的甜点。

酒店里每年都会裁员，经济低迷的时候，裁员的力度就更大。可是，那个憨厚的小厨师却每次都能幸免，外人总觉得他是有背景的。后来，酒店的总裁告诉小厨师，妇人是酒店的 VIP 客户，而小厨师也自然而然地成为酒店里不可或缺的人。

不可替代来自"专精"

什么是不可取代的人才？不是他所处的岗位，而是他拥有精湛的技能，拥有稀缺的、不可替代的价值。这份技能的锤炼，绝非一日之功，需要日复一日地打磨，像海绵一样广泛摄取所处行业的各种知识，在特定的领域积累经验、深度耕耘。

拿破仑·希尔说："专业知识是这个社会帮助我们将愿望化成黄金的重要渠道。也就是说，如果你想获得更多的财富，就要不断学习和掌握与你所从事的行业相关的专业知识。不论如何，你都要在你的行业里成为一等一的专才，只有这样，你才能鹤立鸡群，高高在上。"

用"钻劲"打造"精专"

在工作技能的问题上，如果一直停留在"会做"的层面，就不得不接受随时被取代、被淘汰的可能。"会做"只能证明具有从事某种职业和工作的基础能力，要从"会做"走到"精专"，离不开像螺丝钉一样的"钻劲儿"。摒弃急功近利之心，深入钻研所做的事，把它做深做透。这个过程，需要花费大量的时间和精力，要用心再用心，还要有持久的耐性。

职场栏目《非你莫属》中，曾有一位求职者，他只有23岁，年轻没什么经验，但有一个特长，那就是对北京市所有的公交线路都了如指掌，几乎达到了"活地图"的标准。哪条公交改路线了，哪辆公交车换车型了，他都会记下来。所以，他想在节目中求得一份旅游体验师的职位。

现场考核中，主持人问他："从国贸到旧鼓楼大街怎么走？"他不假思索地说："从国贸坐1路汽车，到天安门东换乘82路。"主持人又问："那从国贸到营慧寺呢？"他一样从容地回答："坐地铁1号线到五棵松，换乘运通113。"此外，他还在现场为一对情侣设计了北京一日游的路线。

原本，场上的多位老总并没有招录他的打算，但最后都被他对公交的"钻劲"打动了，他们不约而同地向他发出了诚挚的邀请，且现场为他设岗。最后，他选择了一家自己感兴趣的公司。主持人问这家公司的老总："你给他的薪水，会不会太高？"那位老总说："专业的、执着的、优秀的人才，是无价的！"

无论哪一个行业，最稀缺的永远都是有"钻劲"的人。有钻劲，才会专注；有钻劲，才会勤奋；有钻劲，才会进步；有钻劲，才会创新。如果你在职业上遇到了瓶颈，或感觉所做的工作没有"前途"时，在抛却外界因素的情况下，记得思考几个问题：

1. 我在职业技能上属于"会做"，还是"精专"？
2. 我的核心竞争力是什么？对公司有无不可替代的价值？

3.我该专注于哪些方面才能提升核心竞争力？

熟能生巧，巧能生精

罗平在南方的一家煤炭公司任职，兢兢业业30年，从普通的烧锅炉员工到司炉长、班长、大班长，至今仍在锅炉运行岗位上坚守着。这份平凡的工作，却让他成了锅炉技师，成了国内颇有名气的"锅炉点火大王"和"找漏高手"；这个平凡的岗位，也让他实现了自身的价值，感受到了作为工人技师的荣耀。

说起来，很多人都不敢相信：罗平只要围着锅炉绕一圈，就能从炉内的风声、水声、燃烧声和其他声音中，准确地听出锅炉受热面的哪个部位管子有泄露声；往表盘前一坐，就能在各种参数的细微变化中，准确判断出哪个部位有泄漏点。不仅如此，他在用火、压火、配风和启停等方面，也有独到的见解。

罗平的学历不高，工种普通，却成了公司上下公认的技术能手和创新能手。从罗平的经历中，我们也当有所体悟：从事的工作类型、公司条件的好坏，都不是最重要的，重要的是能否静下心来钻研业务，坚持不懈地努力，力求在自己的岗位上做一个能工巧匠。

世界级管理大师大前研一在《专业主义》一书中写过一段话，值得我们牢记于心："未来社会竞争的加剧，将促使个人、团体、企业越发地走向专业化，而非专业化的工作将逐渐在竞争中被淘汰。"只有不断向专业化靠拢，才能打造不可替代的自我价值。

一件事，
一辈子，
专注到极致就是伟大

07. 简单的事重复做，重复的事用心做

一位久经商场的老人受邀去讲述推销秘诀，可他在做演讲的会场上，没有说任何慷慨激昂的话，只是不停地用小铁球敲打吊球，整个过程持续了足足40分钟。期间，听众们骚动不安，甚至有人用叫骂发泄不满，而这位年迈的推销员却不急不躁，专注地用小锤敲打吊球。最后，用大锤都无法敲动的吊球，竟在老人的不断敲打下越荡越高，巨大的威力强烈地震撼着现场的每个人，所有的叫嚣和不满戛然而止。

不管从事什么工作，推销员也好，程序员也罢，都如用小锤敲打吊球，不间断地重复着同样的事情，可能在很长一段时间里，看不到任何的起色，甚至还会遭到周围人的冷嘲热讽。这个时候，该怎么办？

有人会烦躁不安，被嘈杂喧嚣的环境所干扰；有人会生气愤怒，对一成不变的状态感到厌倦；有人会怨怼丛生，感叹所有的付出都是白费。而后开始三心二意，懒散懈怠，或是干脆放弃……凡此种种，都只能说明：没有把注意力倾注到眼前的生活和工作中，对所做的事缺少敬畏之心，无法沉下心渡过磨炼技能的平淡期。

技能于平淡中磨炼

我们必须承认，所有的事物都会在经历最初的光鲜后变得平常，所有的工作也会在经历了最初的新鲜后归于平淡。就好比学生时代，总羡慕那些穿梭在城市里的白领，可真走进了社会，美好的理想开始落地，跟现实

零距离接触，才发现真实的工作和生活并不如想象中那样好，甚至更多的是单调琐碎。什么时候是最考验人的？不是事业风生水起、蒸蒸日上的时候，而是默默无闻、辛苦耕耘的阶段。平淡成为工作的常态，才会从中得到磨炼。

大家都知道洛克菲勒是石油大亨，折射出成功、财富的光芒，却很少有人了解，他的第一份工作，其实是查看生产线上的石油罐盖是否被焊接好。当时的工作程序是这样的：装满石油的桶罐通过传送带输送到旋转台上，焊接剂从上面自动滴下来，沿着盖子滴转一周，然后油罐下线入库。洛克菲勒要做的，就是保证这道工序不出什么问题。

说实话，这份工作没有技术含量，简单到连一个孩子都可以胜任，枯燥到每一天每一分每一秒几乎没有任何区别。很多人都觉得，干这个活就是一种折磨。洛克菲勒也是年轻人，他不烦么？当然不是，偶尔他也会有负面的情绪，不同的是，他能在单调的重复中坚持，寻找并发现机会，让单调的工作变得有趣一点儿，不至于枯燥无味。

工作的时候，他细心观察自动焊接的过程。经过反复观察，他发现每个罐子旋转一周，滴落的焊接剂有39滴。问题来了，这39滴都是必要的吗？如果减少到38滴或者37滴，行不行呢？萌生了这个想法后，他就开始试验。先研制出来的是37滴型焊接机，但机器焊接出来的石油罐偶尔会出现漏油现象；之后，他又研制出了38滴型焊接机，质量和39滴焊接机焊出来的产品没有任何区别。

很快，公司就采纳了洛克菲勒的焊接方式。从表面上看，新机器节省的不过是一滴焊接剂，但实际上它每年为公司节省的开支却高达5亿美元。公司非常满意，而洛克菲勒的人生从此也发生了变化。

于灵动中减少枯燥

普通人的一蹴而就，都是在日复一日的工作中积累而成的。面对平淡枯燥的工作，要忍受寂寞，收起牢骚，拿出细心和耐心去打磨自己；同时还要学会让工作尽量变得有趣，减少心理上的厌烦感。

◆ **找到工作的价值，以及对他人的意义**

枯燥、单调的重复，会让人觉得疲倦，甚至把工作视为折磨。对抗这种心理的妙招，就是找到工作的价值和对他人的意义，便会萌生出一种存在感和使命感，进而充满激情地工作。

◆ **调整工作节奏，不要变成压力的俘虏**

内心足够稳定，才能够专注于所做的事，打造出高质量的精品。倘若压力缠身，终日忧虑，必然无心工作。所以，要懂得调整工作的节奏和失衡的心态，创造良性的循环。

◆ **多尝试创新，打破枯燥的窘境**

创新的意义不只是为了进步，更在于乐趣。就像一个手工艺者，看似每天都在做同样的事，拿着一把剪刀剪纸，但每天剪出的花样却不同，他会在单调中主动去制造不同，用创意挥洒精彩。

也许，终其一生我们只能从事着一份平凡的工作，但这并不妨碍我们对工作和生活保持一份热忱。简单的事情重复做，重复的事情用心做，把每一天都过得有价值和意义，能体会得到自己在用心付出，即使平凡，也可以充实和满足。

08. 心可以向往远方，脚下的路要慢慢走

北京的一家化工公司，曾经组织新员工进行一次体能拓展训练。

训练之前，负责团建的老师先将员工分为两组，安排他们分别沿着10公里的路向同一个村庄前进。为了消除职工在心态上的浮躁，在计划进行时，他借此机会做了一项试验。

○甲组的员工不知道村庄的名字，也不知道路程的愿景，只告诉他们跟着向导就行。

○乙组的员工知道村庄的名字、路程，且被告知公路上每1公里就有一块里程碑。

结果，甲组的人刚走了两三公里就有人开始叫苦，走到一半的时候有人出现了愤怒的情绪，说"就这么一直走下去，算什么拓展训练""什么时候才能到"。再后来，有人干脆坐在路边不想走了，总之越往后员工的情绪越低落。

乙组的员工不一样，他们一边走一边看里程碑，每缩短1公里大家都觉得更有信心。一路上，他们边走边唱，消除了长途跋涉的枯燥和疲劳，情绪始终高涨，很快抵达了目的地。

好高骛远会影响心态和行动

训练结束后，团建老师向所有员工揭晓了"秘密"，并告知这样做的本意：人应当有一个明确的目标，而不是盲目地走，如果不知道自己要去哪儿，怎么走都觉得是错的。树立了目标后，也不能指望一口气就抵达，好

高骛远、心浮气躁，就会变成行动中的矮子。

高远的目标，空空的梦想，会让心变得浮躁。这种慌乱、匆忙和焦急，让人难以沉下心来做好每一天该做的事。我们可能会厌倦，认为现在的工作太平凡，太无趣，根本不值得投入精力去做，于是就变成敷衍了事，推诿应付。每天忙着憧憬心中的梦想，然后抱怨自己怀才不遇，愤愤不平。多数的时间，都陷入满腹牢骚中，愤愤不平。

人不能迷失自己的目标，但也不能试图一步到位。就如花草树木的生长都有一个周期和过程，没有哪一株草破土后能在瞬间变得郁葱，没有哪一朵花含苞后立刻变得娇艳，更没有哪一棵树苗发芽后转眼就成了参天大树，它们都需要时间去积累，在积累中完成质变。这是亘古不变的自然规律，也是人在做事时当遵循的法则。

专注于脚下，稳步地前行

25岁那年，雷因失业了。陷入经济困境的他，白天就在马路上乱走，以躲避房东的讨债。有一天，雷因在42号街遇见了著名的歌唱家夏里宾先生。在失业前，雷因曾经采访过他。更令他意外的是，夏里宾竟然一眼就认出了他。

"很忙吗？"他问雷因。雷因不知怎么解释，就含含糊糊地回了一句。

"我住的旅馆在103号街，跟我一起走过去好不好？"

"走过去？夏里宾先生，60个路口可不近呢！"

"怎么会？"他笑着说，"只有5个街口。我说的是第6号街的一家射击游艺场。"

显然，这有点答非所问，但雷因还是顺从地跟他走了。抵达射击场后，夏里宾先生并没有进去，而是说："现在，只有11个街口了。"

很快他们就到了卡纳奇剧院。"现在，只有5个街口就到动物园了。"

又走了 12 个街口，他们在夏里宾先生的旅馆停了下来。很奇怪，雷因并不觉得太累。夏里宾给他解释为什么要步行："今天的走路，你可以记在心里。这是生活中的一个教训。你与你的目标无论有多遥远的距离，都不要担心。把你的精神集中在 5 个街口的距离。别让那遥远的未来烦闷你。"

当一个人好高骛远之时，他可能就是屡战屡败的那一个。罗马不是一天建成的，学习没有捷径，理想也无法速达，一切都需要从切实可行的基础做起。就像歌德所说："向着某一天要达到的那个目标迈步还不够，还要把每一步看成目标，使它作为步骤而起作用。"

任何人都不能瞬时完成一个有挑战性的目标，如果钟表的秒针和人一样，也有情感和思考能力，听到一年要摆动 3200 万次的任务，也可能会心生畏惧。好在它是机械的，在电量充裕、没有毛病的条件下，只要它每秒钟顺利滴答一下，一年过去后，就实现了这个目标。

心可以向往远方，脚下的路要慢慢地走。不要用终极的大目标来"吓唬"自己，也不要过分关注"还剩下多少路程"，只要专注于眼前的每一步，努力去完成每一个阶段性的目标就行了。思考人生目标的时候，目光要放得长远一点；真正做事的时候，目光要放得近一点，把每一个饱满的现在串起来，就成了你想要的那个未来。

09. 学习他人的长处和优点，为自己所用

大约在 1500 年前，人们在意大利佛罗伦萨采掘到一块质地精美的大理石，从自然外观上看，这块大理石很适合雕刻一个人像，可惜放置许久却没有人敢动手。有一位雕刻师，想冒险一试，可他只在后面凿了一个洞就

放弃了，他深感自己无力驾驭，不想浪费这块宝贵的材料。

直到有一天，这块大理石遇到了米开朗基罗，它才脱胎换骨，变成了精美的"大卫像"。令人遗憾的是，先前那位雕刻匠的一凿有点太重了，伤及了人像肌体，在大卫的背上留下了一点伤痕。对此，有人问米开朗基罗："是不是那位雕刻匠太冒失了？"

"不！"米开朗基罗说，"那位先生相当慎重，如果他冒失轻率的话，这块材料早就不复存在了，我的大卫像也就无法产生。这点伤痕对我来说，未尝没有好处，它时刻都在提醒我，每下一刀一凿都不能有丝毫的疏忽。在雕刻大卫的过程中，那位老师自始至终都在我的身边，提醒我、警惕我。"

米开朗基罗赢得人们的赏识和尊重，不只是他精湛的雕刻技艺，还有那份虚怀若谷的姿态。纵然在众多知难而退、不敢挑战的同行脱颖而出，他的言谈举止中却没有丝毫的娇傲；纵然那位技艺不如他的雕刻师给大卫像造成了美中不足的遗憾，他也没有一句指责和怨言，反倒肯定了对方的慎重，并从中汲取了经验教训，最终完成了令人瞩目的杰作。

尊重他人、欣赏他人、学习他人的行事作风，是成就每个人的品行和素养。尤其是在工作中，善于向周围的人学习，不仅能在专业领域内得到提高，更能激发自我学习的动力。纵观那些平庸得不到重用的员工，几乎都是既看不到自身的不足，也不愿意承认他人的优秀，缺少虚心向他人学习的精神和能力。

人的一生中，有70%的学习在工作中获得，20%的学习从领导、同事那里获得，10%的学习从专业培训中获得。要让自己从平凡走向卓越，就得善于学习，不能只盯着别人的缺点和错误，更要看到他人的优势，取其所长，避其所短。

身在职场，我们都可以向谁学习呢？

向老板学习

每个人都有自己崇拜和欣赏的对象，只是很多时候，人们愿意崇拜和学习的总是那些距离自己很遥远的人，却忽略了近在身边的智者——老板，甚至有人在想起老板时，心里都是怨怼的情绪。抛却个人情绪，平心而论，老板身上就没有闪光点吗？

多少私企老板，白手起家、靠自己的本事实现了从无到有、从小到大的梦想；多少国企老板，兢兢业业、凭自己能力扭转了企业的命运，让数百名员工免遭下岗失业的窘境，他们没有值得效仿的地方吗？若问谁是企业里最有责任心的人？老板绝对排在首位，若能随时随地向他学习，你做事会更尽心尽力，更有同理心和使命感，也更能得到老板的赏识与信任。

向同事学习

每个人身上都有不同的优点，只要你用心寻找、虚心请教，总会发现一些能给自己提供帮助的东西。平时一定要多看多听，多向同事学习业务上的知识和经验，提高归纳总结和消化吸收的能力，最终运用到自己的工作中，才能进一步提升自己的整体实力。

向客户学习

客户的每一次挑剔和拒绝，无疑都会给人带来些许的失落和沮丧。可从另外的角度来说，这也是一个自我批评和进步的机会，至少他让你发现了自身的不足，为你指明了学习和完善的方向。只要放平心态努力提升，受益最大的人终是自己。

向对手学习

职场竞争，向来激烈。每个人都渴望超越竞争对手，获得脱颖而出的晋升机会，可问题是，如何才能超越竞争对手？恶性的排挤打压，自然是行不通的，即便靠卑劣的手段上位，待真相揭露后，势必会遭到老板和同事的唾弃。最靠谱、最长久的胜出法则，就是向竞争对手学习，取人之长，补己之短。

一叶障目，不见泰山。这是职场晋升和自我完善的大忌。无论你现在身处什么职位，做出了什么样的成绩，都不要恃才傲物，以虚心的姿态取他人所长，不仅能在职场赢得好印象，也能让自己的生命和学识越来越丰盈。

星 期 三

换工作不如换思维
——重塑工作的意义，追寻自我的价值

01. 不是工作需要你，而是你需要工作

以前，苏穗总是向往能拥有一个稍长的假期，哪怕不带薪也可以接受，起码能享受在家躺平休息的清闲日子。工作对她来说，就是一件不得不做的事，毫无热情可言，也谈不上进取心，完全是得过且过。

当新冠疫情爆发后，停工停产、封控管控陆续发生，苏穗之前的"向往"竟然在现实中发生了。受疫情影响，苏穗所在的服装厂宣布停工一周，此时苏穗没有太多的想法，甚至还有点窃喜，认为可以休息了，心想着休息十天八天，也就能恢复上班了。

没想到，疫情十分严峻，单位随后将假期顺延了两次，且宣布休假期间只给员工上社保，没有工资补助。苏穗原以为，自己可以接受不带薪休假，可当这一天来临之后，她突然意识到，失去了工资收入，要维持生活开销、如期还房贷，只能动用自己那为数不多的备用金。

最初休息的那一周，她还能感受到上网追剧、在家躺平的惬意，可这样的日子过了十天以后，她就感到厌烦了，无所事事的状态让她心烦意乱，加之没有了工作收入，焦虑感也明显上升，她甚至担心：要是单位效益不好，决定遣散或裁员，该怎么办？

此时此刻，苏穗才发现，不是工作需要自己，而是自己需要工作。

生活中有太多的"苏穗"，原本以为自己没那么"热爱"工作，原本以

为"不是工作需要自己，而是自己需要工作"是一句空话。直到新冠疫情对部分行业企业的生存造成了实质性的威胁，当停工停产变成了现实，当企业受损危及就业时，他们才深刻地意识到，工作对自己远比想象中重要，而自己对工作的重视也比想象中要强烈得多。

失去工作，不仅会减少收入，还会增加面对疫情时的负面情绪。不少人表示，多日彻底停工的状态，让自己感到极度不安，而当公司宣布"线上办公"后，整个人都感觉好多了，工作可以将无法释放的精力消耗在有价值的工作上，将注意力从负面的疫情信息中解放出来，生活从松散无序进入规律有序，让人真切地感受到——有事可做是幸福的。

ERG 模型：我们为什么需要工作？

美国心理学家奥尔德弗，对工人进行了大量的调查研究，而后在马斯洛需求层次理论的基础上提出了 ERG 模型，如下图所示。

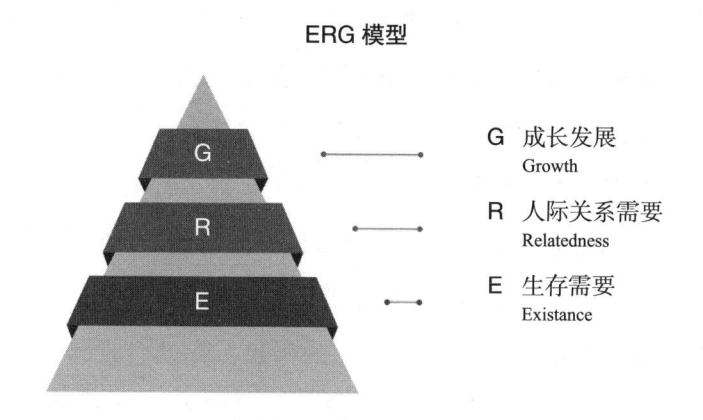

ERG 模型

G 成长发展 Growth
R 人际关系需要 Relatedness
E 生存需要 Existance

奥尔德弗认为，当较低层次的需要越是得到满足时，对高层次的需求越强烈；较高层次的需要越不能得到满足，对较低层次的需求就会越高；各个层次的需要获得满足越少，这种需要就越被人们所渴望。也就是说，人们追求的需要层次，有可能会随着情况的变化不断上升，也有可能会不断下降，高层次和低层次的需要也可以同时存在。

生活中的亲友关系，对任何人而言都有特殊价值，但这并不能完全代替职场关系。况且，工作上的关系占据着我们大部分的时间，同事的协助、领导的信任、客户的认同都是一种社会性支持，对我们有引领和进步的促进作用。

相较于工作带来的薪水和人际关系，工作还能够满足个人成长发展的需要，这是最能够体现自我价值的部分，其具体表现形式为：个人工作技能提升、成功应对挑战、被他人认可和欣赏，这些动力因素会让人感觉工作很有意义，让人持续地"需要工作"。

当你对工作不满，开始消极怠工时；当你薪水不够高，丧失工作激情时；当你久未升职，对老板心有埋怨时，不妨暂时放下手里的工作，停下来静静地思考一下：你在为谁工作？你的不思进取、得过且过、愤世嫉俗，伤害最深的是谁？你的不努力，会给公司造成一定的利益损失，可相比维持安稳的生活、个人价值的实现，孰轻孰重？

不是工作需要你，是你需要工作。你的忠诚、你的敬业、你的努力、你的付出，是为了企业，更是为了自己！感谢在困难面前依旧坚挺的企业和领导吧，感谢自己能够在不确定的环境中拥有一份相对稳定的收入，带着一颗感恩的心，带着一份对工作的敬畏，你就会收起迷茫、抱怨、消极，会摒弃投机取巧、随波逐流的想法，以积极的状态去珍惜拥有工作的每一天。

02. 再平凡的工作，也可以缔造不平凡

说起航道养护工，也许你是第一次听到这个职业。一直以来，他们都生活在人们的日常视角之外，在一线从事水上救助打捞、运河水面保洁和航道养护工作。这是一份平凡的不能再平凡的工作，可他们对这份工作投入的责任心与恒心，实在令人动容。

水上救助和打捞工作，时间上没有定性，往往都是突发事件。在半夜接到打捞沉船通知，对航道养护工们来说是家常便饭。一位工作了二十几年的船工老李说："夜里很容易发生船舶碰撞事故，要在第一时间赶到事故现场去处理，才能尽量减少损失，保障船上人员的安全。"说起他这些年的工作经历，他的眼神中闪动着光芒，透着对这份工作的敬畏。

老李身高不足一米七，站在人群中并不起眼，写满岁月痕迹的脸上带着平和而温暖的微笑。当别人想多了解一下他的经历时，他会略带怯意地说："我就是一个普普通通的人……"

是，从外表上看起来，他没有特别引人注意的地方，可是平凡不代表平庸，平凡的人总能带给人不平凡的感动。水上救助打捞并不是想象得那样简单，不仅仅是船起吊就可以了。当沉船的重量几倍于打捞船的重量时，一个小小的判断失误将会给打捞船和打捞人员带来极大危险，老李说："我们一般的打捞船是45吨位的船舶，它的起重能力为100吨，但是现在的沉船很多是400—500吨的大吨位货船，给水上打捞工作带来极大的困难和危险，要想打捞上它，这就需要我们从事打捞工作的人员具有丰富的经验和对沉船重量的估计能力。"

很多时候，老李他们不只是打捞沉船，还要打捞"生命"。记不清楚有

多少个夜晚,他在沉睡中被电话铃叫醒,利索地赶往事故地点,他说:"不能犯懒啊!晚一分钟,说不定一条命就没了。"在进行救助工作时,老李总会带上一些衣服和食物,以便给不慎落水的船员用,这种贴心的举动,经常让同事们感动不已。在老李看来,只有自己在航道安全问题上做到不留一点儿隐患,船户才会放心。

运河水面的保洁是老李他们每天必做的事,一年365天,无论烈日炎炎还是寒风瑟瑟,大家都是准时准点出发去做清洁工作。到了夏天,甲板上的温度远高于皮肤温度,根本无法下脚,老李和同事们都是忍着脚底的高温进行作业。到了冬天碰到雨雪天气,船上没有任何的遮蔽物,被冰冷的雨雪打在身上的滋味着实不好受,可他们依然坚持在一线,从不懈怠。

做航道养护不是一件轻松的事,不仅工作强度大,有时还要牺牲公休的时间,加班加点地作业,可老李却憨笑着说:"虽然累点儿,可看到市民们能在干净美丽的运河边散步,我觉着自己的付出挺值的。"这不仅是老李的信念,也是所有奋斗在一线的航道养护工们共同的信念。老李用他的真诚、热爱和奉献,兢兢业业、勤勤恳恳地书写着他的平淡人生,也用他的人生诠释着平凡中的不平凡:平凡的岗位,不平凡的坚持;平凡的人生,不平凡的感动。

把平凡的事做好,就是不平凡

在平静的生活中,也许你时常会想:我是不是太平庸了,太平凡了?到底怎样做,才能活得更有价值?其实,人生洗尽了浮华,尽是平淡,能坚持做好一件平凡的事,本身就是不凡的,这样的姿态一样可以矗立起壮丽的人生。

英国爆发经济危机期间,许多毕业生都找不到工作,鲍勃和比尔就是庞大待业队伍中的一员。为了生活，他们只得降低要求，到一家工厂求职。刚好，这家工厂需要两个后勤人员，问他们是否愿意干？两人想了想，接受了这份工作，毕竟谁也不愿意依靠社会救济金生活。

入职后，他们才知道，所谓的后勤工作，其实就是打扫卫生。鲍勃打心眼里看不起这份工作，但他还是留下来做了一段时间，工作懒散，敷衍了事。老板认为鲍勃是新人，缺乏锻炼，又恰逢经济危机，很同情他的遭遇，也就没多说。然而，鲍勃对这份工作依然充满了抵触的情绪，每天都在应付。干满三个月，鲍勃毅然选择了辞职，开始重新找工作。只是，当时很多企业都在裁员，没有经验和资历的他屡屡碰壁，最后只能再度依靠救济金生活。

比尔的想法不同，他放下了大学生的架子，就把自己当成一名打扫卫生的后勤人员，每天都把办公楼的走廊、车间、场地收拾得干净整洁。见他做事勤勤恳恳，半年后，老板让他跟随一个高级技工当学徒。由于认真肯干，比尔一年后就成了一名技工，此时的他依然抱着一份积极的态度，负责地去做任何一件事。两年后，经济危机的局面发生了改观，比尔也顺利晋升为老板助理。

每个人都渴望自己成为人群中的佼佼者，企业里的精英人物，但并不是谁刚刚踏入社会、进入一个新的企业，就能够如愿以偿的。也许，最初的那段时间里，你会被安排做一些看似不起眼的、简单的小事，但是无论如何，你都不要忽视它们。任何一个职位都不是可有可无的，一个连细小的任务都难以出色完成的人，很难值得信任。当你把"不以事小而不为，把简单的事做到不简单"的意识装进心底并付诸行动时，你就是一个不简单的人了。

03. "怎么做"比"做什么"更重要

即将迈向社会的年轻人，经常会问这样一个问题：做什么工作更有前途？

十几年前，张玲刚毕业时，也有过这样的迷茫期。后来，张玲在亲戚的介绍下，去了一家科技公司做电子商务。所有人都说IT产业很赚钱，张玲所在的公司拿高薪的人也不少，她的两位部门主管，底薪和提成加起来每个月都有八九千，十几年前这个工资数目已经不低了。不过，供给他们高薪的不是因为所处的行业，也不是因为主管的头衔，而是业绩。

张玲的主管林总，负责大客户渠道，一个月能卖出上千台电脑，这样的大单老板都不好意思用"提成"来给林总算，直接按利润的比例四六开，给了林总一个"大头儿"。当张玲听到新来的业务员窃窃私语抱怨钱少的时候，她总是在心里默默地摇头：只想要高薪，却不知道该用什么去换高薪的人，只有在原地羡慕别人的份儿。

张玲对工作和前途的认识，恰恰是从那时开始转变的。

选择工作时，多数人都愿意挑那些体面的、薪资高的，觉着说出去有面子，看起来也更有前途。若是工作环境差点儿，公司规模小点儿，心思和兴趣就不大，好像这工作不如人，没发展。其实呢？工作哪儿有什么好与坏，真正有别的是自己的态度。

卖电脑并不容易，特别是当稀少的底薪和每天联系客户的疲累不成正比的时候，多数人都觉着这差事没法做，又累又难赚钱。可我们也看到了，有些人很用心地做这件事，最终拿到了比底薪高出10倍的提成。

"怎么做"比"做什么"更重要

有没有前途，真不在于做什么，而在于你怎么做。

有朋友自述，她是一个胆子特小的人，害怕面对挑战，就想求一份安稳的工作，询问我有没有什么好的建议？这个问题真的很难回答。

做什么工作都是有前途的，关键看你怎么去做。私企打拼也好，体制内生存也罢，有一个事实是明摆着的，任何工作都不可能像看韩剧、吃爆米花一样美好，它单调与否、有前途与否，完全取决于你做事时的态度。

职场中最可悲也是最可怜的一种人，就是那些只想获得薪水，而对其他一无所知的人。态度不同，结果自然就不一样。对待工作的态度，就跟对待生命是一样的。你珍惜它，会处处在意，短期内可能看不出什么区别，时间长了，就会知道很多东西都是潜移默化的，早已在不知不觉中埋下了伏笔。

工作的一生 = 雕刻自己的一生

全球领先的人力资源咨询机构韩威特咨询公司，曾经对世界 500 强企业进行了一项最佳雇员调查，结果表明，雇主最欣赏员工的三种敬业行为：

1.积极评价自己的企业，不断向同事、潜在同事、客户高度赞扬自己的企业。

2.渴望留任，强烈希望留在企业中成为其一分子。

3. 竭尽全力去做事，致力于那些可以促进企业成功的工作。

想想上述的三种行为，若不是发自内心地热爱企业和工作，单靠规章制度很难保持这样的状态。有人说："只要工资给够了，我就能这么做！"然而，心理学上的"刺激适应"告诉我们：单纯的金钱刺激只在短期内有效，当一个人适应了这种刺激后，它就会失效。唯有内在的动力，才能支撑着一个人坚持不断地去做好一件事。

靠外界的规则束缚，勉强去做事时，永远都是心不在焉、毛毛躁躁的，恨不得早点结束。可当你用对待生命的态度去对待工作时，你便不愿意去敷衍，做任何决定都知道轻重深浅，关注每一个看似微不足道的细节。

人的一生中，大概有 1/3 的时间在工作。从某种意义上讲，我们的生命就是在工作中度过的，最大的价值也是在工作中体现出来的。若能以珍惜的态度去对它，就会发现它的特别意义，且可以在自己的岗位上，借助公司的平台，去实现个人的理想。

工作给予我们不只是看得见的工资，更重要的是，做好了它可以从中获得存在感与成就感，这是精神上最大的愉悦，是物质刺激无法取代的。我们都是自己人生的工匠，工作的一生就是雕刻自己的一生，你用什么样的态度雕琢，最终呈现出来的就是什么样的人生。

04. 每一份职业都有其特殊的价值

赵恺参加工作十多年了，至今还是三天两头地换工作，总觉得做这行不赚钱、做那行没前途。十几年前，他从技校毕业，一时间没有合适的工作。

有朋友推荐他去卖场做手机促销员，他一听就皱起了眉头，虽没有直接说出自己的心声，可表情也道出了所有的想法。

他打心眼里看不上这份工作，认为不够体面，说出去无法满足自己的虚荣心。实际上，当时在卖场的不少促销员月收入并不低，甚至比许多在写字楼上班的白领还要高，给他推荐工作的那位朋友，就是从促销员做起，后来成了卖场的经理。

之后，赵恺尝试过做销售代表、电子商务、国企工人，先后转换了不下 20 家单位，却都没能待长久。究其原因，还是心态——觉得岗位平凡无用武之地，总想担大任、干大事，不屑于做小事。寻寻觅觅，始终不得志，他就开始怨天尤人，仿佛一切问题都是环境和他人造成的，始终没有实事求是地在自己身上寻找原因。

很多时候，令人疲惫的不是远方的高山，而是鞋里的一粒沙子。不断跳槽的赵恺，之所以不愿意做平凡的工作，就是因为思想意识里有了"沙子"。有句话说得好，世界上没有卑微的工作，只有卑微的态度。在工作中接触过诸多行业中的优秀人士，有的是从小职员做起，慢慢晋升为中层管理者；有的从始至终都奋斗在一线生产车间，从技术工人到总工程师。

人与人之间只有分工的不同，没有职业的高低贵贱之分。每个人都向往着不平凡，可现实告诉我们，世上绝大多数人都很平凡，平凡得像雾像雨又像风。然而，平凡并不可悲，真正可悲的是蔑视平凡，忘了在平凡中去探寻自身的价值。

法国电影明星罗伊德有一次去汽车修理厂，接待他的是一位普通女工。当时，整个巴黎的人都知道罗伊德的名字，并有无数粉丝为他着迷，可令他奇怪的是，眼前的女工见到他时并未流露出任何的惊讶或兴奋。

罗伊德忍不住问女工："你喜欢看电影吗？"

"当然喜欢，我是一个影迷。"女工手脚麻利，很快就把车修好了。

"先生，您的车修好了，可以把车开走了。"女工说道。

罗伊德的心里有点不甘心，故意问一句："小姐，您愿意陪我去兜兜风吗？"

"不，我现在还有工作！"女工直接拒绝了。

罗伊德依然不死心，追问女工："既然你喜欢看电影，那你知道我是谁吗？"

"当然了，你一来我就认出了，你是影帝阿列克斯·罗伊德。"女工回答得很平静。

"既然如此，你为何对我这么冷淡？"罗伊德急切地想知道答案。

"不，先生，我想您误会了。我没有冷淡，只是没有像别的女孩子一样那样狂热。你有你的成就，我有我的工作：你来修车，就是我的顾客；就算你不再是明星，再来修车，我依然会热情地接待你。人与人之间不就是这样吗？"

罗伊德听后，大为感慨。

人与人之间就是如此，无论身处庙堂之高，还是脚踏江湖之远，都不过是芸芸众生的一员，不必太拿自己当回事；同样，就算是从事着简单的、平凡的工作，也不必妄自菲薄。羡慕他人、追捧他人，并为此贬低自己，实在大可不必，每个人的存在、每份职业的存在，都有其特殊的价值。

在影视界里，罗伊德是一个佼佼者，是一个了不起的影星；可在汽车维修的领域里，那位专注工作的修理工，也是一个值得人竖起拇指的人物。也许，她在金钱、财产、名气上无法与罗伊德相比较，但她一样拥有高尚的灵魂，她的人生一样有不同寻常的价值。

05. 把工作变成一件让自己喜欢的事

关于工作这件事，有人说得很直白："工作就是为了赚钱，养家糊口，没有其他想法"；也有人觉得："工作是维持生计的手段，也是体现自我价值的方式，谁也不想做一个无用之人"；只有极少一部分人说："工作，是因为它能给我带来快乐，让我觉得生活有意义。"

谈及工作的乐趣，很多人不以为然，甚至觉得"虚"。原因很简单：朝九晚五，忙忙碌碌，看老板的脸色，受客户的刁难，处理不完的事情，何乐之有？之所以会对工作产生这样的想法，多半是源自以下几方面原因：

原因1：以追求金钱和生活质量的提升为终极目标，总嫌工资低，看不到金钱以外的任何东西。久而久之，就对本职工作失去了兴趣，把自己当成了机械工。

原因2：价值观的扭曲和单一化，只有利益和欲望之比，对工作的内涵缺乏认识和反思，只想通过工作得到名利，一旦失落，便觉得工作索然无味。

原因3：周而复始的工作流程，磨灭了激情，新鲜感逐渐丧失，对工作感到疲乏厌倦。

原因4：没有平衡好工作与生活的关系，不顾一切地追寻工作价值时，就忽略了生活的精彩；安逸于生活的享受时，又失去了拼搏的斗志。

原因5：现实与梦想之间的落差，内心总渴望"一夜优秀"，能成为人群中的佼佼者，可现实中的自己能力不足。看到别人拼命努力，有了好的机遇，有不甘也有压力，继而无法正视现状，觉得目前工作乐趣全无。

工作的乐趣，与工作的性质没有太大关系。不少知识型员工，出入知名公司，工资不菲，可每次说起工作都觉得烦；也有一些赚钱不多的人，却对自己的工作乐此不疲，津津乐道。所以说，问题不是出在"钱"上，也不是出在"做什么"上，而是出在"心"上。

现实中，总能从一些人身上感受到对所做之事的热爱与专注，实际上，他们所做的事情看起来未必十分有趣，甚至多数情况下也是枯燥的，比如终日打磨木头、雕刻石头的工匠，做的都是耗费时间和心力的活，但为什么他们能够坚持下去，且看起来不觉疲倦，乐在其中？

原因在于，他们给自己所做的事情，赋予了其他元素，让它变得更有意义。打个比方来说：一只普通的瓷碗，当你只是用它来吃饭的时候，并不觉得有什么特别。可是，当你觉得它像艺术品的时候，就会以审美的眼光去欣赏它，心情也会不一样。

只把工作视为赚钱养家之工具的人，实则是贬低了工作的价值。其实，工作不只是赚钱，它更大的意义在于，从事工作的过程中，能够得到自我肯定和生活的乐趣。

美国心理学博士雷米曾经做过一项研究，结果发现：世界上最忙碌、最紧张的人，通常比普通人的寿命高出2%，且外出工作的妇女比家庭主妇得病率低。工作的意义，就是让人生更充实，让生命更有活力。

工匠们一辈子做一件事情，丝毫没有倦怠和厌恶，最主要的原因就是，能够从工作中找寻到乐趣。真正有趣的生活，不是彻底脱离工作、肆意享受，那样得到的只是片刻的欢愉。无所事事久了，人心也会变成灰色。相反，工作中所获得的成果，哪怕只是很小的成果，也能给人以继续努力下去的自信。

从现在开始，给自己一段时间慢慢改变观念，在工作中找寻成就感。

比如漂亮地完成了一次谈判，做了一个客户满意的方案，制作一份精彩的文件……这些细微的成果，都能够让你感受到工作的乐趣。长此以往，你会发觉，工作原来可以很有趣。

06. 不是逃离了工作就可以逃离痛苦

一位医生努力工作存下了一大笔钱。当时的他只有45岁，正是事业的上升期，但他却选择了举家移民。他觉得，是时候停下工作，享受生活了。到了国外，他每天就做自己最喜欢的两件事：钓鱼和打高尔夫球。

这样的生活，想必是有些人憧憬的吧？不愁吃喝，能做自己喜欢的事，多么惬意。

可是，一年以后，这位医生却出人意料地重新回到了工作岗位。周围人都觉得奇怪，怎么又重新给自己"找累"了呢？医生坦白地说："钓鱼和打高尔夫球，持续一个月就烦了，没有工作的日子就跟坐牢一样。我在国外跟许多移民一样，成了'三等人'。"

有人不解："何谓'三等人'？"医生苦笑着说："先是等吃，吃完后等打牌，打完牌后就是等死了。这样等了一年，我实在受不了了，只好回来再开业了。"

许多年轻人都有过云游四方、仗剑走天涯的梦想，甚至很向往那些看上去无比洒脱的旅游达人所过的生活。可现实却是，当自己完全脱离了工作后，并没有想象中那么开心，一段时间过后，就会陷入和那位"医生"一样的痛苦中。

消除错误的意识：工作＝痛苦，生活＝享乐

为什么工作时觉得痛苦，彻底逃离工作后，还是会感到痛苦呢？

这里藏着一个错误的意识：工作＝痛苦，生活＝享乐。

试想：这两个等式，真的完全成立吗？工作与生活，就是痛苦与享乐的代名词？

如果说"工作＝痛苦""生活＝享乐"，当我们离开职场、放弃工作、出门旅行之后，应该不会痛苦，而是很享受自由自在的生活。可现实情况是这样吗？最初的那几天，可能会感觉比较轻松，可越往后越心慌，失去工作就失去了生活来源，也不知道该做些什么打发漫长的时光。此时，焦虑和无所适从，就会再次诱发痛苦。

当我们彻底放下工作，让天秤完全倾向于"生活"的一边时，我们感受到的并不是全然的快乐，其中也夹杂着痛苦，只是这种痛苦和工作时的厌烦不太一样而已。

生活与享乐之间，从来不是对等的关系。

仔细想想：生活不需要付出吗？教育子女、赡养父母、经营婚姻、人际交往，有哪一样可以坐等其成？有哪一样不需要付出和经营？这是一个喜乐参半的过程，有苦也有甜。

工作与痛苦之间，也不是对等的关系。

试想：当我们挑战了一项新任务，获得了公司的肯定，拿到了不菲的奖金，还会觉得"工作＝痛苦"吗？当然不会，这种靠付出换得的成就感，反而会让我们感受到快乐和满足。

工作与生活，都是付出与回报共存，喜忧参半的，绝不是对立的关系。

一旦我们把两者对立起来，就会认为"工作＝痛苦""生活＝享乐"，继而在涉及工作的问题时，就会触动大脑内部与痛苦相关的区域，越看工作越厌烦，总想着逃避，甚至错误地认为，只要逃离了工作，就能摆脱痛苦了。

正确的平衡：累了放慢脚步，状态好时多创造

我们都知道，逃离了职场，不等于逃离了痛苦。生活处处都是考场，真正需要调整和改变的，是我们的思想意识，以及处理问题的方式。

已连续三个月没怎么休息的陈莉，这段日子确实感到有一些身心疲惫，但手里的工作必须要处理好，不能耽误小组的进度。偶尔，她也会冒出想要"罢工"的念头，但她给自己采取了"延迟满足"的策略：处理完现阶段的任务，给自己放假一周，可以去郊游，也可以在家喝茶看书，或者出门逛街，一切随自己的喜好。可在这之前，她还要"忍受"一下，尽量放平心态，保证正常的睡眠，让自己每天都能有充足的体力和良好的精神状态。

我们要清醒地认识到：有时，当下选择了付出，承受了痛苦，将来可以获得更长远的快乐；有时，当下选择了享乐，得到了轻松，却会给将来造成长期的痛苦。我们要追求的不是痛苦与快乐之间的平衡，而是长期快乐与短期快乐之间的平衡。

承受短暂的痛苦，换得长期的快乐——稳步上升的事业、越来越高的薪水，这样的选择是值得的。如果每一次疲累，都立刻去享受短暂的快乐，要承受的可能就是长期的痛苦——完不成任务，不再被人信任，失去工作，陷入经济拮据之中，周而复始。

或许，你一直以为你睁开着双眼，
但是你其实一直在昏睡。

消除这些错误的意识吧！发现付出的意义和价值，享受付出换来的成果，累的时候放慢脚步，状态好的时候多去创造，这才是平衡工作与生活的真正要义。

07. 做事的过程就是提升自我的过程

维斯康是 20 世纪 80 年代美国最著名的机械制造公司之一，每年都有对外招聘会。一个叫詹森的人，在初次应聘时被淘汰了，可他不甘心，发誓一定要进入这家公司。最后，他想了一个办法，假装自己一无所长，去找人事部商议，提出自己愿意为该公司提供无偿劳动，分派任何工作都行，不计报酬。人事部开始不敢相信，但考虑到不用支付任何报酬，也就同意了，把他分到了车间去打扫废铁屑。

整整一年的时间，詹森都勤勤恳恳地在车间里重复着这项简单又辛苦的工作。为了糊口，他下班后不得不去酒吧打工。老板和工人们对他的印象都很好，只是没有一个人提到录用他的事。

1990 年初，公司的诸多订单被退回，原因是产品的质量出了问题。这件事直接让公司遭受了重创，为了挽救公司，董事会召开紧急会议，寻求解决方案。可会议进行了一大半，却还是没有眉目。这时，詹森闯进了会议室，提出要见总经理。会上，他把问题出现的原因做了细致而有信服力的解释，并对技术上的问题提出自己的看法，拿出自己的产品改造设计图。这个设计十分先进，既保留了原产品的优点，又避免了已出现的缺陷。

詹森的话惊住了在场的总经理和董事，他们不禁质疑：这个编外清洁工，到底是什么神秘人？怎么能对公司的产品、技术这么精通？终于，詹森当着高层决策者的面，说出了自己来做清洁工的初衷。经过董事会举手表决，詹森当即被聘为公司负责生产技术问题的副总经理。

在看到别人的成功时，很多人会生出一种错觉，认为对方是碰到了好机会，而自己生不逢时。就上述案例，我们不妨反思一下：詹森是突发奇想跑到会议室，临时组织语言说服了在场的高层吗？显然不是。在此之前，他已经默默无闻做了诸多准备。

利用做清洁工的机会，詹森细心观察了整个公司各部门的生产情况，并做了认真的记录，发现了生产中存在的技术问题，并琢磨出了解决的方案。他用了一年的时间做设计，做了大量的统计数据，最终完成了科学实用的产品改造设计图。

工作中接触过不少受过高等教育、颇有才华的人，感叹自己不得志，在公司里长期得不到提升和重用。深入接触后发现，问题不总是出在外部，只是有些人从来没有进行过自我反思，身上带着"戾气"，总是吹毛求疵、怨天尤人，从未尝试自发地做任何事，完全是在被迫和受监督的情况下才去工作。这种行为背后隐藏的思想，显然就是认定了努力工作仅仅有利于公司和老板，对于个人来说，除了薪水以外再无任何关联。

在他们内心深处，没有对产品精雕细琢、对工作精益求精的精神理念，也没有对工作的执着与热爱。他们把理念、忠诚、责任、敬业这样的字眼当成空洞的口号，完全没有真正地意识到："我"在为别人工作的同时，也在为自己工作。

世界顶级推销员乔·吉拉德在谈及自己的成功经验时，说过一句话："不要把工作看成是别人强加于你的负担，虽然是在打工，但多数情况下，我们都是在为自己工作。只要是你自己喜欢，就算你是挖地沟的，这又关别人什么事呢？"

面对大自然的素材，你得先成就它，它才有可能成就你。工作中所遇到的一切问题，都是大自然的素材，你必须先用心对待它，它才会给你带来机会。这一切，不是为了其他任何人所做，而是为了沉淀自己的心性，磨炼自己的毅力，提升自己的技艺，释放自己的潜能。

要改变对工作的态度，就要重新认识工作的实质，把做事的过程视为提升自己的过程，当内心有了"为自己而做"的信念时，才能把工作当成自己的事业，觉得每一分付出都是心甘情愿的。职业是基础，事业是发展，只有用做事业的态度来对待自己的工作，才会在职业发展中不断地取得进步，完成自己事业的规划。

08. 带着爱去工作，才会有饱满的状态

李琦刚毕业时踌躇满志，一心想做有挑战性的工作。师兄建议他，可以尝试做销售，能够得到多方面的锻炼与提升。恰好，他对营销很感兴趣，就进了一家医疗器械公司，带着满腔热情和向往，开始了他的销售生涯。

最初，李琦对自己挺有信心，工作起来也很有激情。但是没过多久，他就有点吃不消了。不是每次联系客户都能得到良好的回应，被质疑、挨白眼是常事；经常出差，身体也很疲累。况且，销售都有业绩考核，久不出单，压力很大。李琦开始动摇，怀疑自己也许并不适合做销售，做了一年多就辞职了。

随后，李琦找了一份网络客服的工作。相比销售而言，这份工作轻松了一些，他也总算能从紧张压抑的心理状态中暂时解放出来。不过，这份工作依然没有让他找到归属感，由于个性活跃、爱说爱笑，而所处的环境却显得有些沉闷，做了不到一年，他内心的激情就被磨灭了。他担心这样

下去会变得安逸懈怠，就又踏上了跳槽之路。

两三年过去了，李琦跳了四五个不同的领域，换了一份又一份工作，却总觉得自己好像还停在原地，没有任何进步。这样的状况，让他感到很迷茫，不知道下一步该怎么走。按理说，他尝试了不少工作，但心理上的抗拒、厌恶、倦怠之感却怎么也摆脱不掉。

诚然，面对工作中的烦琐和困难，我们可以找到N个厌倦的理由，这也是为何有那么多人频繁跳槽，渴望在新的环境、新的工作中找寻激情。可是，有些问题并非换个环境就能解决的，倘若心境不变，走到哪儿都是一样的，甚至会愈发迷茫，失去方向。

这个世界不存在让我们一见钟情并能对它一辈子激情不减的工作，是否能在工作中找到满足感和成就感，不在于这份工作本身好坏，而在于我们能把它做到怎样的程度？就算有一份梦寐以求的工作摆在眼前，若不懂珍惜，不认真对待，终究也会离预期的目标越来越远。反之，即便眼下的工作不那么理想，但可以做到少一点浮躁和抱怨，多一点脚踏实地地付出，依然能够从中获得精神上的满足。

沃尔玛的CEO山姆·沃尔玛曾说："如果你热爱工作，你每天都力求完美，你周围的每一个人也会从你这里感染这种热情。"这个工匠企业家，一直都以饱满的精神状态出现在工作中，他在热爱中找到了一条使生命变得充实的道路。

比尔·盖茨也说："成功的秘诀是把工作视为游戏，这似乎是所有成功者的工作态度。我们可以尽力找出能令我们兴奋的事来，把许多游戏的方式带到工作中。"在专业领域挖出井水的人，必定是对工作抱有满腔热情的人。

日本电影《南极料理人》是根据真人经历改编的，其主角西村淳是南极考察队里的厨师。西村淳与其他队员被派到南极进行为期一年的考察。在天寒地冻的基地里，要如何度过漫长煎熬的日子？他用行动给出了掷地有声的回答。

当大家无聊只能打麻将、跟着电视做操的时候，一日三餐就变得异常重要。刚好，他能做一手好料理，还爱烹调各种美食，队员们每次看到出自他手的精美搭配餐，隔空都能感受到色香味的诱惑。在眼馋心动中，他们已然忘了，西村淳没有机会去添购任何新的食材，只能用最初带去的各种罐装、冷冻食材。

驻扎大半年后，队里带的面条用尽了，一位非常爱吃面的队员苦苦哀求西村淳，说他想吃一次拉面，若是吃不上拉面，他觉得活着都没意义了。西村淳想方设法做了一餐面条，众人吃得津津有味，为了怕面条凉，他们甚至顾不得出去观察难得一见的极光。看到这样的情景时，西村淳顿时发现，队员们所有的苦闷和沮丧都不见了。

一日三餐准备饭食，多么平常而单调的事情，可西村淳却能充满激情地去做，变着花样给自己找乐趣，给同事们洗刷倦怠。这说明什么？地理环境、生活环境，都只是表面的形式，倘若内心对一件事充满热爱，那么它就会散发出闪耀的光芒，点亮自己和他人。

在不少人眼里，南极考察队员的身份和工作性质，似乎比厨师更有意义，但在这里，我们看到的是工作本身没有"高低贵贱"之分，把任何一件事情做到极致，都会赢得他人的敬重。要做到这一点，就不能带着太大的功利心去做事，这样的话会过于看重结果，而无法享受到做事的快乐。

重新唤起对工作的热爱

那么，当身心俱疲、激情不再的时候，怎样才能重新唤起对工作的热爱呢？

◆方法1：找寻自己在工作中的价值

邮差弗雷德的故事，想必很多人都听过。他之所以能够几十年如一日不停地投递邮件，就是因为有太多客户对他的服务认可，他们的信任成了弗雷德工作的动力。"南极料理人"西村淳，看到考察队员吃了自己制作的美食，焕发出对生活、对工作的热情，这无疑是给他最大的鼓励。对我们来说，找寻到工作的意义和价值，才能保持持久的激情。

◆方法2：分阶段地为自己设立目标

工作的成就感和动力，源自出色的业绩和精湛的技能。你做得好了，才会赢得他人的肯定与尊重。这就要求我们要不断发掘工作的魅力，不断地征服它，把自己带入更新更高的境界。这个过程所带来的乐趣和满足感，是其他东西无法给予的。

◆方法3：尽量保持平和的心境

这个不确定的时代，要成为一个有定力的人，保持平常心非常重要。工作中总会有一些不如意，所以要尽量创造条件，让自己快乐，从而保持高昂的工作热情。同时，还要学会取舍，不能什么都想要。心境平和了，才容易做得专注、长久。

星 期 四

积极地应对问题
——拉开人生差距的,是解决问题的能力

01. 工作的实质是不断地解决问题

无论你是刚踏上工作岗位，还是已经工作多年，有一个问题势必需要弄清楚：工作到底是什么？也许，有人会说："工作是谋生的方式，是出人头地的途径"，这样的回答没有错，但还没有触及到工作的本质。

我们不妨回顾一下工作的过程：接受一项既定的任务，可能会遇到各种突发的状况，竭尽全力把各种阻碍处理掉，最终得到一个满意的结果。这个过程，完成了，做好了，那就是成功；没做好，放弃了，那就是失败。两者的分水岭在哪儿？显而易见，就是能否把工作过程中遇到的各种阻碍全部清除掉，找到行之有效的解决策略。

说到底，工作的本质是解决问题，工作的过程就是解决问题的过程。

职场中不乏勤奋者，做事兢兢业业，不偷奸耍滑，可结果却常是不太令人满意。问题就在于，不善于动脑子，总是盲目地行动，而不是切实地解决问题。脑子里还没有一个成形的办法，就鲁莽地冲了上去，浪费了时间和精力，也没什么效果，可谓是事倍功半。真正优秀的人，绝非像老黄牛一样只知道低头拉车，它一定是盯着前面的方向。毕竟，现代社会讲究效率，谁能用最便捷的方法，高效地解决问题，谁就是人生的赢家。

十几年前，孙捷进入一家房地产公司就职，后来一路走到了区域经理的职位。当时，不少刚入行的年轻人都把他当成一个标杆，希冀着有一天能像他那样，做个精干的职业经理人。当然，其中不乏一些浮躁者，眼睛只盯着高薪和高职，难以静下心来做好眼前的事。为了让员工树立一个正确的心态，在一次培训时，孙捷主动讲起了他的人生经历。

原来，孙捷并没有傲人的学历背景，他的第一学历是初中。

20多岁时，孙捷在工厂上班时因工受伤断了食指，只能病退在家。但他没有消沉，而是主动给自己找寻机会。后来，他来到了房地产公司做销售员，和其他同事比起来，他学历不高，口才也不是那么好，唯一能做的就是吃苦，全身心地投入到工作中。抱着这种做事态度，他进步得很快，业绩做得也很好，到第一年年底就被提升为销售部的主管。

后来，公司有一个与大学合建教师楼的项目，孙捷发现了一个重要的问题：很多大学老师不愿意离开校园安静、整洁的生活，宁愿住在老旧的教师宿舍。鉴于此，他向公司建议在学校附近建造一批商品房。事情就如他所预料的那样，房子还没有封顶，就有不少老师相继来看房子。在开盘销售的第一天，就引起了轰动。很多客户上午看了房子，下午来付款的时候，房价已经涨了。

这个项目的成功，让孙捷所在的公司名声大噪，很多学校都找他们公司来洽谈商品房开发的事宜。公司业务量突飞猛进，公司看到大学城开发项目火爆，直接把该项目作为公司的主项业务，并任命孙捷为区域经理，管理公司与大学城的开发项目。

任何成功都不是偶然的，也不可能是顺顺利利的，总得有荆棘坎坷、艰难险阻。就拿孙捷来说，当断指之事发生时，想的不是今后再无法从事"动手"的职业了，而是努力给自己找寻新的发展空间；在其他销售员盯着现有的楼盘去卖时，他却在调查和探寻新的机会，给公司和自己带来了前所未有的机遇。

畏惧问题比问题本身更可怕

没有不存在问题的工作，任何一份工作都会遇到棘手的难题，看起来让人毫无头绪，不知道该从哪儿下手？面对这样的烫手山芋，许多人会选择回避或推卸。倒也不是不想负责任，只是缺乏信心，不相信自己能够处理好。实际上，越是这种时刻，越应当保持冷静，去思考和寻找方法，而不是在心里给自己下定义说：我做不到。

工作能力的强弱，一方面体现在专业技能上，另一方面则体现在心理素质上。很多人在面对棘手任务的时候，还没有和问题接触，内心就已经开始畏惧了；有些问题原本不是什么大事，却被人为地扩大化、严重化，使人感到恐惧和焦虑。背着这样的心理包袱，自然无法释放出潜能，甚至连自己原本具备的能力也无法展现出来。

当自己无法解决问题的时候，你还有求助的对象，上司、同事都能助你一臂之力。结合了众人的想法后，很有可能就找到了解决问题的思路。没有一个问题是无法解决的，关键是你有没有去找方法。问题不会自动解决，只有尽力去找，才可能有办法。这就像开锁一样，不是没有钥匙能打开它，只是你没有找到那把能开锁的钥匙。

你越是心存畏惧，畏惧越会肆无忌惮地吞噬你，最好的办法是不要多想，不去逃避，直接面对问题，只有靠近了问题，置身于问题中，才能专注地去思考解决之道。恰如一位伞兵教练给学生的忠告："在跳伞台上各就各位的时候，我会让大家尽快度过这段等待时间……等待跳伞的时间拖得越久，跳伞的人就会越恐惧，越没有信心。"真的去面对了，你就会发现，问题根本没有想象中那么严重和糟糕。

02. 解决问题的能力，决定你的工资待遇

就职于某互联网公司的郝文，最近一直处在焦虑中。原因就是，他入职这家公司已有 8 年，前三年凭借自己的努力和才能，工资从几千块逐渐升到了一万二；后面的几年里，他的工资涨得越来越慢，到现在也只有一万五，上次涨工资已是前年的事了。

几乎停滞的收入增长，而房贷、车贷、教育等支出不断增加，郝文的压力越来越大，可他始终想不明白：每天加班加点地工作，头发掉得肉眼可见，爱人孩子总是埋怨陪伴得少，似乎所有的努力都没有了意义，而不努力连现状都难以维系。

其实，郝文遇到的烦恼并不是特例，而是一个普遍的职场现象。

新人刚入职场时，工资通常都不高，凭借着勤奋好学，前几年的收入会有较大幅度的增长。然而，当月薪 4000 元时，加薪 20% 只是 800 元；当月薪 1 万元时，加薪 20% 就是增加 2000 元，且公司还要承担社保、公积金等成本。

这时候，公司会思考一个重要的问题：这个人所做的贡献，能否覆盖他的人力成本？假如贡献不涨，工资却在涨，公司出于理性思考，就会做出两个选择：要么不再增加工资，要么替换成工资较低的人员。退一步说，就算工资不断增长，老板对你的期待也在增加。

职场中的"彼得定律"

劳伦斯·彼得认为，在层级组织中，每个员工都有可能晋升到不能胜

任的阶层。

在一个层级组织中，如果你在一个位置上胜任，就可能被提拔到一个更高位置。在这个位置如果你不胜任的话，再也得不到晋升；如果胜任的话，你就会得到再次提拔，最终被提拔到一个你不胜任的位置上。也就是说，终有一天你会抵达一个自己无法胜任的位置。既然无法胜任，无法创造价值，收入也就不会再提高。

不少职场人会面临这样的天花板，跟以下两方面因素有关：

◆ **错把一时的机遇当成了永久的能力**

不少人在职场获得升职加薪的待遇后，会夸大自己努力的部分，而忽视其他因素。比如：行业正处于风口期、所在的平台实力强大、时代的红利等。错把机遇和平台当能力，忽视了自我成长与精进，危机总有一天会到来。

◆ **解决问题的能力在所处层级达到了极限**

你能够解决多大的问题，决定了你能获得的待遇。如果你拿着 2 万元的工资，老板期待你能带领团队创造佳绩，而现实的结果却是屡屡不能达标，那么老板就会琢磨：这个工资给得值不值？职场不看谁更努力，谁更有资历，只看谁有解决问题的能力。

既然彼得定律不可避免，而我们又不想上升到不能胜任的级别，那就要持续地自我精进，不断锻造和提升解决问题的能力！因为工作的本质就是解决问题，你能够解决多大的问题，决定了你的职位与待遇；你能够解决别人都解决不了的问题，你的价值自然就比别人高。

想要从容地处理别人解决不了的问题，是不是需要智商极高或拥有特别的天赋呢？其实不然。解决问题的能力不是与生俱来的，而是可以通过后天的刻意练习获得并得以精进的。

03. 逻辑思考力是解决问题的底层逻辑

金庸在武侠小说《倚天屠龙记》里描述了一种顶级武功，名曰乾坤大挪移。

这一武功有七层境界，难练指数"五星"，武功秘籍一开篇就给出了"温馨提示"：想练就本功第一层，悟性高的人要七年，悟性低的人要十四年。撰写这本武功秘籍的人，练到第六层就主动放弃了。当然，也有不知深浅者，譬如明教前任教主阳顶天，练到第四层时没刹住，结果走火入魔，一命呜呼了。

这武功当真如此难练？到了张无忌这里，反转出现了。他在练乾坤大挪移第一层武功时，竟然只用了片刻功夫。剩下的那五层，也不过用了几个时辰而已。这不禁令人感慨：人与人之间的差距真是大啊！

这个乾坤大挪移，是不是专门为张无忌设计的呢？肯定不是。真正的原因是，张无忌在练习乾坤大挪移之前，已经练成了九阳神功。九阳神功是什么功？那是一套超强的内功心法，是学习天下武功的"根基"！

逻辑思考力：解决问题的底层逻辑

金庸先生杜撰了一个江湖，想象力天马行空，创造力登峰造极，但他绝不是一个活在虚幻世界里的人。相反，他是一个活在现实世界且可以洞悉事物本质的人。张无忌能练成乾坤大挪移，不是因为其人设所定，而是因为他有深厚的内功。

跳出武侠小说，回归现实生活，决定普通人与优秀者差距的，也不是类似武功招数的那些知识与方法论，而是强大的逻辑思考力，这是分析和解决所有问题的底层逻辑。一个人越是能够触及问题的本质，得到真知灼见的效率就越高。

电影《教父》里说："花半秒钟就看透事物本质的人，和花一辈子都看不清事物本质的人，注定是截然不同的命运。"

所谓逻辑思考力，就是建立逻辑思维来对问题进行分析的能力！如果大脑中总是一片混乱，各种想法得不到整理，没有一个清晰的思路，就不可能进行逻辑思考。反之，拥有逻辑思考力，就可以拨开迷雾一样的表象，去伪求真，洞察到事物的本质，厘清思路、解决困惑。

提升洞察力，挖掘隐藏的事实

在打击毒贩的活动中，警方一举歼灭了一个犯罪团伙。在犯罪嫌疑人的口袋里，警方搜到了一张纸条："26日下午3点，货在××区云杉树顶。"警方迅速赶到现场查看，结果发现，纸条上说的那棵云杉树并不高，货物明显不在树顶上。这时，一位有"神探"之称的高级督察，重新推敲了纸条上的那句话，且最终在正确的位置将货物取出。

原来，毒贩将货物藏在"下午3点时云杉树顶在地面的投影处"！

生活是一个不断解决问题的过程，而我们所面对的问题并不比悬案简单，很多时候也是错综复杂的。正确的逻辑思考可以为我们带来解决问题的方法，但这种思考必须建立在正确认识事实的基础上。有些时候，事实不总是摆在眼前，它隐藏在事件或事物背后，我们需要运用强大的洞察力去发现、挖掘和分析。

任何一个领域的高手，都是洞察力极强的人，能够觉他人所不能觉，见他人所不能见。洞察力不是某一项单一的能力，而是观察力、分析判断能力与想象力的合集。

没有超强的观察力，就不能在别人不易察觉的细微之处发现信息，无法为获得准确、全面的信息提供保障。在获取信息之后，需要对其进行甄别，判断真假；还要透过表面信息，分析出更多的潜在信息，追溯其原因、原理，从而得出本质性的结论。最后，以观察到的信息和分析后的新信息为基础，进行逻辑推演。

想要提升洞察力，需要在以下几个方面多下功夫：

◆ **拓展眼界，增长见识**

网上有一句调侃的话："读万卷书不如行万里路，行万里路不如阅人无数。"见过了更多的人，见到了更多的事，自然就会让洞察力跟随见识一起增长。

◆ **保持好奇心，不断学习**

很多人缺乏洞察力，对生活和工作中的一些现象熟视无睹，是因为过于看重自身的目标，只要事不关己、无关利益，就不会去做。这样的话，必然就无法洞察到新鲜事物。世界上许多事物的运行原理，在某个层面都是相通的，且有借鉴意义。保持好奇心的人，往往能够从不同的事物中获得启示，继而触类旁通。所以，要培养广泛的兴趣，涉猎不同的知识，保持不断学习的习惯。

◆ **深入了解，深度耕耘**

扩大知识的广度，可以为解决问题增加助力，但也不要忽略专注的力量。对某一事物或某一问题，也须深入了解，深度耕耘。

◆ **不盲从，坚持独立思考**

有了丰富的见识与学识，还要勤于思考，特别是建立在丰富的知识体系之下的独立思考。

巴菲特的成功,与他敏锐的洞察力密不可分,而坚持独立思考是造就这份洞察力的重要因素。2007年后,巴菲特曾经短暂地进入过中国市场,收购了中石油的股票。他不是凭借直觉作出的决策,在此之前,他已经对中石油进行了充分的了解。

当时,中国的股市整体过热,不少股民被牛市冲昏了头脑。但是,巴菲特一直保持着独立思考,他认为当很多人对股市追捧,报纸头版刊载股市消息时,就是该冷静的时候。

烦恼和焦虑,往往来自面对问题的不知所措。培养逻辑思考力,可以让我们脱离日常思维的浅薄和粗糙,洞察到思维对象的深层和本质所在,提升自己的可迁移技能,更好地解决错综复杂的问题,减少无谓的心理消耗。

04. 分析出问题的根源,才能免除后患

Melissa四年前买了一辆汽车,最近在一次下班的途中,这辆车发生了爆胎。Melissa抱怨自己太倒霉了,所幸的是没有造成严重的人身伤害,只是每每回想起这件事,还是不由得惊出一身冷汗。

Melissa的汽车,为什么会爆胎呢?真的是她太倒霉了吗?

根据现场的情况来看,Melissa的车胎出现了严重的磨损,但这是问题的本质吗?不,这只是一个表层原因。真正的原因是,Melissa自从买了这辆车后,一直忽略车胎的保养,没有进行及时地检查和必要地更换,致使

了爆胎事故的发生。

没有逻辑思考力的人，在遇到问题的时候，不是归咎于运气，就是头痛医头脚痛医脚。殊不知，看问题不能只看表象而不究其根本，只有分析出问题的根源，才能彻底解决问题。

发生这次爆胎事故后，如果 Melissa 只顾抱怨自己倒霉，或是庆幸自己有惊无险，然后更换全新的轮胎，那么类似这样的情况，日后还有可能会在不同的领域发生。因为 Melissa 真正需要注意的问题是疏忽大意——没有在重要的事情上做到经常检查、及时排除隐患！

不同的思维方式，会让人在判断事物时得出不同的结论，继而采取不同的行动。

找到问题的根源，才能彻底解决问题

现实生活中，有许多问题比爆胎事件要复杂得多。普通人在面对复杂问题时，常常会表现得不知所措，或是迫切地在方法上着力；高手则不然，他们知道纷繁复杂的问题背后往往存在着某种规律，如同一只"看不见的手"在主导着它，找到了普遍问题或现象背后的底层逻辑，就具备了举一反三、融会贯通的能力，在看待问题时可以更加准确、通透，从而成为"半秒看透问题本质"的多面赢家。

美国阿肯色州有一家综合性医院，周围生活的群体大都是普通劳工，他们文化水平不高、性格冲动暴躁，这家医院经常发生医患斗殴的情况。医院的管理者认为，斗殴产生的原因是患者素质较低，而当地的情况不可能在短期内发生质的转变。面对这样一个"无解"的难题，他们只好向专业的咨询顾问求助。

咨询顾问听过院方的陈述后，并没有把思路锁定在"解决患者素质"问题上，而是亲临现场去观察具体的就医流程。在这个过程中，他发现了一个事实：医患关系紧张的根源不是患者素质高低所致，而是医院的就医流程设置存在问题。

这家医院只向患者发放一张带有个人保险号码的就医单，那些没有保险的患者拿到的则是一张白纸，需要按照护士站前的标准格式表格（仅张贴了一份）自主填写。碍于表格的复杂、烦琐、不清晰，很多患者在填写的过程中都非常烦躁。

这家医院的等候区设置在一楼的大厅，但没有区分科室，除了重症病人能够得到急救之外，其他人都要在大厅里按科室等候。大厅的环境十分嘈杂，患者置身于此，心情可想而知。有些冷门科室就诊数少，病人很快就能就医，而那些常见病的科室则要等很久。患者并不清楚真实的情况，他们看到的是——有些人刚来就能就诊，自己等了半天还没有被叫号。

在医院做过检查和化验后，患者率先拿到单据的副本，而原件则要过一段时间才能被送到医生的办公室。患者拿到副本后，迫切地想要知道自己的病情，此时医生尚未看到化验结果，就只能让患者继续等候。患者不明白，为什么已经有了化验单还要等？在这种情况下，患者很容易因失去耐性大吵大闹。

咨询顾问在弄清楚事情的真正原因后，找到了这家医院的负责人，建议优化患者的就医流程：为患者提供多种就医表格；在不同区域按照科室划分等候区；将化验单据的发放顺序进行对调；增加医生与患者、患者与患者的沟通平台。当这些策略一一实施之后，这家医院的吵闹斗殴现象有了明显改观，医患矛盾也明显减少。

对咨询顾问来说，为客户解决最根本的问题，是其工作意义所在，但解决问题的前提是先要弄清楚真正的问题是什么？这一点，对于我们而言也同样适用。只有洞悉问题的本质，分析出问题真正的原因所在，才能够提出正确的解决方案，并阻断或减少同类问题的发生。

05. 多思考"如何"，少感慨"如果"

一位推销大师在给学员做培训时，总是提出这样的忠告："遇到问题，要做一个只想'如何'的人，不要做一个只想'如果'的人。"

"如何"与"如果"，看似不过是一字之差，实则有天壤之别。

总想"如果"的人，只是难过地追悔一个困难或一次挫折，悔恨地对自己说："如果我没有做……如果当时的环境不一样的话……如果别人公平对待我的话……"从一个不妥当的解释或推理转到另一个，一圈又一圈地打转，终是于事无补。

思考"如何"的人，在麻烦甚至灾难降身时，不浪费精力在追悔过去，而是立刻找寻最佳的解决办法，因为他知道总会有办法的。他们会问自己："我如何能利用这次挫折而有所创造？我如何能从这种状况中得出些好结果来？我如何能再从头干起？"

第二次世界大战期间，一艘盟军驱逐舰停泊在某港湾。那天晚上，月明高照，非常安静。一名士兵在值班巡视全舰时，突然停住了脚步，他看到了一个乌黑的东西在不远处的海面上浮动着。敏锐的他立刻意识到，这是一枚触发水雷，有可能是从某处雷区脱离出来的，正在随着退潮慢慢地朝舰身中央漂来。

他连忙拿起舰舱内的通信电话机，告诉值日官。值日官快步赶来，并通知了舰长，发出全舰戒备讯号，所有官兵都动员起来。大家愕然地注视着那枚慢慢漂近的水雷，大家都了解眼前的状况，知道灾难即将来临。

这时候，舰长和其他军官立刻开始筹划解决办法：

第一，立刻起锚走？不行，时间不够了！

第二，发动引擎让水雷离开？不行，螺旋桨的转动会让水雷更快地漂过来。

第三，以枪炮引发水雷？不行，那枚水雷离舰艇太近了。

第四，放下一只小艇，用长杆把水雷携走？不行，那是一枚触发水雷，况且根本没有时间去拆水雷的雷管。

想了这么多办法，看起来这场灾难是不可避免了，真的要坐以待毙了吗？就在这个时候，一个士兵突然灵光一现，说："把消防水管拿来，用水把水雷推到远处。"大家恍然大悟，赶紧抬来消防水管，朝着舰艇和水雷之间的海面喷水，制造一条水流，把水雷带向远方，接着又用舰炮引爆了水雷。

一场危机，就这样化解了。整个过程，没有人说"如果"二字，所有人都在想"如何"解决问题。事实证明，每个人都有成为"英雄"的潜能，都可以找到办法巧妙地处理掉麻烦，就如那名普通的水兵，在危难面前的表现丝毫不比船长和军官逊色。

什么是积极的心态？最简单、最直接的就是在遇到问题时，不让思想和脚步停留在过去，幻想着一个又一个的"如果"；而是选择承担，积极地思考，想着"如何"解决难题，摆脱眼下的窘境，努力把握住当下和未来。

"如果"二字是借口的化身，是一个无底洞，会吞噬人积极的心态和行为。把时间浪费在不断重复"如果"上，倒不如多想想"如何"去提升自己，解决问题，改变现状。

06. 学会改变自己，可以更好地解决问题

一只乌鸦在南飞的途中小憩时，碰见了一只鸽子。

鸽子对乌鸦说："你这么辛苦，要飞去哪里？为什么要离开呢？"

乌鸦愤愤不平地说："没办法，我也不想离开，可那里的人都不喜欢我的叫声。所以，我想飞到别的地方去。"

鸽子好心劝它："别白费力气了，你不改变自己的声音，飞到哪儿都不会受欢迎的。"

我们大都有过这样的困惑：费尽力气想要改变现状，却总是不能如愿，心想着可能换一个环境就好了，却不知道问题的根源并不在外界，而在自己身上。

环境的变化，会在某种程度上影响人的命运，但它绝非是最主要的因素，也不是决定性的因素。如果自己原本就存在缺点和不足，却意识不到或不肯做出调整，即便是换一个环境，结局也是一样的。更何况，任何一个环境都不是只有弊而没有利，若能在有限的条件下抓住机遇，随着环境的改变调整自己的观念，也可以让一切变得顺畅。

在威斯特敏斯特大教堂地下室的墓碑林中，有一块墓碑闻名世界。

其实，它并没有什么特别的造型和质地，就是粗糙的花岗石制作的，和周围那些质地上乘、做工优良的亨利三世、乔治二世等20多位英国前国王的墓碑，以及牛顿、达尔文、狄更斯等名人的墓碑比起来，显得微不足道，不值一提。更令人惊讶的是，它根本没有姓名、出生年月，甚至连墓主的

介绍文字也没有。

就是这样一块无名墓碑，却让千千万万人前来拜谒。每一个到过威斯特敏斯特大教堂的人，即便不去拜谒那些曾经显赫一世的英国前国王和名人们，也一定要拜谒这块普通的墓碑。因为，他们被这块墓碑深深地震撼着，确切地说，是被墓碑上那段意味深长的碑文震撼着：

"当我年轻的时候，我的想象力从没有受到过限制，我梦想改变这个世界。当我成熟以后，我发现我不能改变这个世界，我将目光缩短了些，决定只改变我的国家。当我进入暮年后，我发现我不能改变我的国家，我的最后愿望仅仅是改变一下我的家庭。但是，这也不可能。当我躺在床上，行将就木时，我突然意识到：如果一开始我仅仅去改变我自己，然后作为一个榜样，我可能改变我的家庭；在家人的帮助和鼓励下，我可能为国家做一些事情。然后谁知道呢？我甚至可能改变这个世界。"

据说，很多名人在看到这块碑文时都感慨不已，说它是一篇人生教义，也是灵魂的自省，其中就有曼德拉。他当时看完后，醍醐灌顶，声称自己从中找到了改变南非甚至整个世界的钥匙。回到了南非后，他从改变自己入手，历经了几十年的时间，最终改变了周围的人，乃至一个国家。

就如托尔斯泰所说："世界上有两种人，一种是行动者，一种是观望者。很多人都想着改变世界，却从未想过改变自己。"环境一旦形成了，是很难以一己之力改变的，人只有改变自己，才能够更好地解决问题，更好地与环境融合。

推销员杰克做业务员有一年多的时间了，眼见着周围的人陆续升职加薪，而自己也不是不努力，每天忙着联络客户，薪水虽然也还可以，但在业绩上始终表现得很平淡，没有做成过大的订单，在成就感上很受挫。

或许生命会自己为自己开辟
令你意想不到的道路

那天下午，杰克和往常一样，下班就开始看电视。突然间，他留意到了一档专家专题采访的栏目，而那期的话题正是"如何使生命增值"。心理专家在回答记者的问题时，如是说："我们无法控制生命的长度，但我们完全可以把握生命的深度。其实，每个人都拥有超出自己想象十倍以上的力量，要使生命增值，唯一的方法就是在职业领域中努力地追求卓越。"

听完这番话，杰克决定做出改变。他立刻关掉了电视，拿出纸和笔，严格地制定了半年内的工作计划，并落实到每一天的工作中。两个月后，杰克的业绩明显有了提升；9个月后，他已经为公司赚了2500万美元的利润；年底，他顺利晋升为公司的销售总监。

现在的杰克，已经有了属于自己的公司。每次给员工做培训时，杰克都会说："我相信你们会一天比一天优秀，只要你们下定决心改变。"这样的激励总能给员工带去力量，公司的利润也不断增长。

对渴望有所作为的职场人来说，杰克就是一个很好的参考范本。有些时候，面对不满意的境遇，最应当迫切改变的不是环境，而是我们自己。换而言之，是我们在面对问题的时候，没有静下心来去努力，当自己变得足够好了，很多问题也就有了解决之道。

07. 无法独自解决问题时，要懂得借力

工作中，判定一个人能力的强弱，不是看他的学历和经验，而是看他做事的方法。有些人很聪明，但不一定会成功，比如他总是自视清高，认为没什么问题是自己不能解决的，一旦离开自己，任何事情都会搞砸。所

以，他们事事亲力亲为，不相信别人，结果不是把自己累得一塌糊涂，就是陷入了事倍功半的牢笼中。

相反，有些人缺点明显，个人能力不是那么强，却非常有智慧。他们懂得充实自己的重要性，但更懂得汲取百家之长，将外界的力量融入自己的方式中，集思广益、叠加能量，让解决问题变得简单而轻松。

面对生活和工作，当自己无法独立完成一件事、解决一个问题的时候，强迫着自己继续坚持，只会适得其反。个人的力量对自然、对社会来说，都是渺小的，所以我们才要强调协作。力所不能及的时候，调动外界的一切力量，不失为一个好办法。有时，他人不经意间提出的一个点子，就会拓宽我们的思路；他人的举手之劳，就能给我们减轻不少压力和负担。

人生的成功离不开他人的协助，人与人之间的交往和互助就是成就事业和幸福生活的基石。成功者往往善于借力、借势去营造一种氛围，从而攻克一件件难事。在这个提倡协作的时代，单枪匹马的做事方法俨然已经不适应时代的需求了，我们要善于把不同人身上的优点集合在一起，以求事半功倍的效果。

一人事，一人知，一人行，可谓独断专行；二人事，二人知，二人行，可谓合作无间；大家事，大家知，大家行，可谓众志成城。现实就是这样，不管一个人的能力多强，智慧和才华总是有限的。唯有借助他人的能力和智慧，取长补短，为我所用，才能走得更顺畅。

工作不是一台独角戏，而是一出大合唱。在完成任务、追逐目标的时候，学会借力是很必要的。只有善于借助外界的各种力量和智慧，才能在工作中无往不利。

08. 依赖心理越强，能力退化得越快

一位大学刚毕业的年轻女生，在亲戚的介绍下去了一家公司实习，老板对她很是照顾，介绍了一位资深的前辈给她做"老师"，让对方多指导一下她，争取早日独当一面。

正式上班后，她每天就做一些简单的杂事，小组熬夜加班的时候，她的作息也跟着黑白颠倒。只是，她什么成绩也没做出来，只等着"老师"教。一个月过去了，她心里有点犯嘀咕："前辈怎么不教我？"她决定再等等，又过了半个月，还是没什么变化，她忍不住托介绍自己进来的亲戚向老板吹风："××从来不教她东西，是不是不太乐意？"

老板表面上劝勉，可心里却在苦笑：公司的顶梁柱每天有干不完的活，好不容易休息了，如何再叫他手把手地去教新人？学习和工作全是靠自主的，怎么可能处处依赖别人？如果什么事都等着手把手地教，不想着自己先学点什么，将来遇到问题的时候，也一样会习惯性地把烫手的山芋扔给别人。天长日久，就会丧失解决问题的能力和勇气，只能跟在别人后面。

果不其然，三个月以后，那位新来的女员工带着满腔的疑惑和不平，主动离开了公司，完成了一次失败的实习经历。到离开的时候，她依然没有意识到真正的问题在哪里。

曾有科学家做过一项有关人类潜在生命力的研究——

每天清晨，从笼子里抓出一只白鼠，放进一个透明的玻璃水池内，然后开始计时，看小白鼠能挣扎多久。科学家会在旁边观察小白鼠在水中的挣扎情况，直到那只小白鼠快要进入溺亡的危急时刻，才会把它捞出来。

第二天，科学家会再次抓起前一天的那只小白鼠，进行同样的实验。这样的实验进行了一周左右，每天的记录显示，小白鼠挣扎的时间在不断减少。

一天清晨，科学家又继续他的实验。当实验进行到一半的时候，电话铃响了，科学家转身去接电话。由于是好朋友打来的，且有重要的事情想请他帮忙，谈话时间稍微长了一点，科学家也忘了还在池中挣扎的小白鼠。等他挂完电话去看池中的小白鼠时，它已经浮在水面上了。

科学家分析，由于此前将小白鼠丢进池中后，过不了多久，就抓它上来。连续几天，它便知道了，只要自己快要沉没时都会有人来救自己，既然如此，何必苦苦挣扎呢？就因为有了这种依赖心理，使得它在真正危急的时候还想着有一只手来解救它，放弃了挣扎，放弃了生存的机会。

我们不妨设想一下：倘若小白鼠从一开始就拼命挣扎，不把脱险的希望寄托于外界的帮助，那么它在水中挣扎的时间会不会越来越长，适应能力会不会越来越强呢？一切都未可知。但从整个实验的结果来看，我们能够得出的只有一点：依赖心理越强，退化的就越快！

依赖与借力的区别

依赖和借力是两个完全不同的概念。

借力，是指实际能力有限、无法独立完成任务时，积极地向外界求助，调动更多的资源达成目标，从而获得进步和经验。依赖，是指一遇到需要展现独立性的问题，立刻就想到找他人帮忙；即便这件事自己能够处理好，也总是感觉自己不行，只有求人才能做好。

导致依赖的原因无外乎两点，一是缺乏自信，二是惰性使然。

习惯依赖的人，在过去的经历中，总是不付出或付出较小的代价就把事情做好，再遇到问题时，自然而然就会想到请别人帮忙，如此自己就能减少辛苦和麻烦。

依赖他人，只看眼前的话，不免会觉得省时省力，但从长远的角度来看，并非什么好事。它会让你失去自己的个性，变得平庸无奇；它会让你受到所依赖者的支配和制约，无法掌控自己的命运；它还会让你失去进取的精神，陷入被动的境地。更重要的是，过于依靠他人的力量去做事，很难认识自身的价值，更挖掘不出自己的能力。

谦虚好学、不耻下问是一种积极的态度，也是初入职场必备的素质，但凡事都当有度，如果过分依赖别人的引导和帮助，就会逐渐丧失主动性，遇事疲于思考和努力，最终陷入原地踏步或退步的境地。

如何减少依赖心理的发生？

为了避免类似情况的发生，在工作的过程中就要谨记几条重要原则：

◆把求助改为求教

遇到问题的时候，你可以寻求别人的帮助，但不要求对方帮自己做什么，而是去请教对方给自己一个思路。在经过别人的教导后，依靠自己的力量去克服困难，完成任务。

◆把追求结果改为追求方法

遇到自己不会或不太擅长的事情，可以寻求别人的帮助，但在对方帮你的时候，要充分发挥自己的主动性和创造性，学会对方做事的方法，能够举一反三，不要把目标放在别人帮自己完成任务上，而是要把本领学会，将来遇到同类的事情能够独立解决。

◆把被动接受他人的思想，改为主动思考并消化

在面对一些专业的权威人士时，不要认为他们经验丰富，就没勇气发表自己的意见。这样的盲目认同，会失去独立思考的意识和能力。最好的

办法是，虚心听从指教，积极思考，不懂的地方适度发问，积极与对方讨论，直到自己理解并独立完成为止。

09. 保持积极的信念，更容易想到办法

励志大师拿破仑·希尔曾问 PMA 成功之道训练班上的学员："在座的各位，有多少人觉得我们可以在 30 年内废除所有的监狱？"

学员们很惊诧，怀疑自己听错了。一阵沉默过后，拿破仑·希尔又重复了刚刚的问题："有多少人觉得，我们可以在 30 年内废除所有的监狱？"

了解这不是一个玩笑后，立刻有人站出来反驳——

"要把那些杀人犯、抢劫犯、强奸犯全部释放吗？你知道这会造成什么后果吗？那样的话，我们就别想得到安宁了。不管怎样，一定要有监狱。"

"对，社会秩序会遭到破坏。"

"如果可能，还需要更多的监狱。"

……

见学员们情绪激动，大呼不可能，拿破仑·希尔决定换一种方式，他说："现在，我们来试着相信可以废除监狱这一事实，如果真能如此，我们该如何着手？"

大家有点勉强地把它当成实验，沉静了一会儿，有人犹豫地说："成立更多的青年活动中心，减少犯罪事件的发生。"不久后，刚刚持反对意见的人，也开始参与到讨论中："大部分的罪犯都是低收入者，要清除贫穷。""要能辨认、疏导有犯罪倾向的人。""可以尝试用手术的方法来治疗某些罪犯……"结果学员们给出了 18 种构想。

信念决定行为

当你确信一件事不可能做到时，你的大脑就会为你提供种种做不到的理由。可当你真正地相信某件事能够做到时，你的大脑就会帮你找出各种做得到的方法。

在过去的很多年，人们一直坚信：人类无法在 4 分钟内跑完一英里！这种观念盛行许久，以至于后来演变成了众所周知的"4 分钟障碍"。不只是常人，就连那些知名的运动员和生物学家也确信，4 分钟跑完一英里是超越人类身体和心理极限的。

当所有人都相信了这一认知时，有一个人却突破了 4 分钟的极限，用了 3 分 59 秒 4 创造了奇迹。这个打破"魔咒"的人，就是牛津大学医学院的学生罗杰·班尼斯特。在做这件事之前，他曾对自己说："经过了心怀信念的训练，我将克服所有的障碍。"

美国著名小说家普格拉曼，没有接受过专业系统的训练，甚至连高中都没有读完。可即便如此，他还是写出来令人震撼的长篇小说，并获得殊荣。有记者问他："你事业成功的关键转折点是什么？"大家都以为他会说，是儿时母亲的教育，是少年时老师的引导，可是所有人都猜错了，他说："是'二战'期间在海军服役的那段生活。

"1944 年 8 月的一个深夜，我受了重伤。舰长命令一位海军下士驾驶一艘小船连夜护送我上岸治疗。很糟糕，小船在那不勒斯海迷失了方向，掌舵的下士惊慌失措，深感绝望，想拔枪自杀。因为，那时我们已经在黑暗的海上漂了 4 个多小时，而我的伤口还在不停地淌血……我劝他不要开枪，要有耐心。尽管嘴上说得很坚定，但我心里并不是那么自信。

"你可能不会相信,奇迹就发生在这个时候!我的话还没说完,前方岸上射向敌机的高射炮的爆炸火光就亮了起来。我们惊喜地发现,小船距离码头还不到三海里!这戏剧性的一幕深深印在了我心里,它让我明白:生活中许多事被认为不可更改、不可逆转、不可实现,其实多数时候只是我们的错觉,正是这些'不可能'把我们的生命'困'住了。

"战争结束后,我立志要成为一个作家,但这条路走得并不顺畅。开始的时候,我接到了无数次的退稿,熟悉的人都说我没有这方面的天赋。可是,当我想要放弃的时候,我就想起了那戏剧性的一晚,并鼓起勇气,去突破生活中各种各样的困局,直到成为现在的自己。"

许多事情的"不可行"和"难以做到",并不是真的无法实现,而是我们自以为不可能。总在用"不可能"给自己制造放弃尝试的借口,让自己去相信任何努力都不起作用,无声无息地压制着自己的潜能。当心里彻底坚信了这一认知时,自然就不会再为之努力和争取,结果就会朝着所想的方向发展。

穷尽一切可能性

瓶颈之所以为瓶颈,就是因为通道狭窄,不那么容易突破。但不容易通过不代表没有解决的办法,只是我们暂时没有想到而已,在没有穷尽一切可能性之前,谁也没有资格说放弃,说无能为力。

某日,两位外国顾客在长城饭店的大厅里声嘶力竭地朝导游发火。这位导游是个实习生,遇见如此棘手的事,有点不知所措,连忙向前台服务员范某求助。

范某询问状况后得知,这两位顾客是一对姐妹,结伴来中国旅行,出了首都机场到长城饭店后，发现挎在妹妹身上的腰包不见了。腰包里有两人的护照、几张信用卡、订房证明、现金、车本和钥匙等，如果找不到的话，两个人的旅行就无法继续了，损失重大。

范某一边安慰客人，一边详细询问腰包的颜色、大小。看姐妹俩很是疲倦，她破例先开了一间客房让两人进去休息，并让服务员送去了饮料。这样的服务和关怀，让姐妹俩很是感激。而后，范某根据客人乘车的收据，拨通了出租汽车公司的电话，经过对方查找，并没有发现腰包。范某琢磨，腰包也许是丢在机场了。她连忙和机场有关部门联系，可找了一圈，依然没有找到。

最有可能的两个地方都问了，都没有消息，腰包看样子是找不到了。可范某不甘心，她一遍遍地回忆客人提供的线索。突然，她想起客人曾经说起，在出机场的时候，大门口的人很多，非常拥挤，很有可能腰包的扣环就是在那个时候被挤掉的。

很快，范某就拨通了长城饭店设在机场大厅接待台的电话。结果，那边传来消息，腰包被工作人员捡到交了上来。就这样，这对外国姐妹的腰包失而复得了。

最困难的时候，也就是离成功不远的时候。同时，最困难的时候，也是最容易找借口不去争取和放弃的时候。这也就意味着，能够走到最后的，只有极少数人。他们内心有一个信念：在穷尽一切可能性之前，绝不放弃尝试和努力。

当你在工作中遇到了瓶颈，看似难以突破，甚至想放弃的时候，问问自己：是不是真的穷尽了所有的可能性？还有没有其他的可能？方法，往往都是在这个时候产生的。只要你不放弃，还肯去琢磨，看似不可能的事情，往往就会出现奇迹。

星 期 五

成为情绪的主人

——发泄情绪是本能,掌控情绪是本事

01. 掌控情绪不是隐忍，是以恰当的方式表达

一位 21 岁的女大学生，在某个夜晚连续砸碎两台 ATM 取款机，且在不到五百米的直线距离内，砸坏 2 家店铺的玻璃和 8 辆汽车的挡风玻璃。到底是什么原因，让这个女学生的情绪如此激动呢？

"我想发泄！"在看守所里，这位学生回答说。她长得白白净净，身材娇小，真的很难把她跟那个手持板砖、挥臂捣砸的破坏者联系起来。她还说："我不知道为什么要这么做，就是想发泄情绪，但没找对方式。"

警方经过询问得知，该女生是家里的独生女，但父母只关心她的学业，并不在意她的内心感受。父母经常打她，打完后还要逼着她承认错误，她有时觉得自己并没有错，只是不敢反抗。大学的专业不是她喜欢的，学校的期末考试她不想参加，父母硬是把她"押送"到学校。她受不了，就跑出了学校，在外面找寻安静，可在外面又被人骗了一些钱，很是生气。

女孩在大学里没什么朋友，舍友们都觉得她很怪，交流得很少。她对父母的不满也不知道该怎么表达，这些东西全都压在心里。她也不知道当时到底是怎么了，就好像疯了一样，大脑都是空白的，周身有一股力量驱使着她这么做，似乎只有这样才能稍微舒服一点儿。

控制情绪≠压抑和隐忍

现代人一边经受着学业的压力、工作的竞争，一边承受着可怕的内卷、生活的艰辛，就业不顺、职业瓶颈、人际关系、房贷、车贷、教育经费像是一块块石头，沉重地压在心口。可是，有多少人会把这些感受用妥帖的方式表达出来呢？更多的人选择了沉默，所以才有人说："现代人的崩溃是一种默不作声的崩溃，看起来一切都很正常，会说笑、会打闹、会社交，表面平静，实际上心里的糟心事已经积累到一定程度了。"

情绪的流露变成了最昂贵的奢侈品，似乎隐忍才是成熟的标配，能忍才是坚强。殊不知，情绪是一种能量，如果不能以正确的方式释放出来，就会淤堵在身体里。也许能挡住一时，可当积压的负面情绪越来越多，终有一刻会突破堤坝，泛滥成灾。

总而言之，情绪终究是要释放出来的，不在此时，就在彼时；不以无害的方式，就以惨烈的方式。除了以爆发的形式呈现以外，一味地压抑负面情绪，还会对身体造成伤害。

世界卫生组织曾指出：80%以上的人会以攻击自己身体器官的方式来消化自己的情绪。身体是心灵的一面镜子，它会如实地储存我们过往的所有经验，而那些愤怒、痛苦、悲伤、焦虑、压抑等负面能量，就会不断地攻击我们的身体，最终造成伤害，出现病痛。

认真回顾一下：有多少次的隐忍压抑，以口腔溃疡、喉咙疼痛的方式变相折磨过你？有多少次乱发脾气，让你和亲近的人相互嘶吼、形同陌路？有多少的焦虑和烦躁，让你什么都没有做，却已感觉精疲力竭？

对于情绪管控，我们需要有一个正确的认识：控制情绪不是封闭情感，而是让美好的情绪持续得久一点，让不好的情绪转变得快一点，该快乐的时候就享受快乐，该释放的时候也不要刻意憋着，善于激发积极情绪的同时，也能适时适当地释放不良情绪。

情绪本身没有好坏之分

沉浸于负向情绪是一场自我消耗，但这并不意味着，负面情绪一无是处，管控情绪就是要彻底消灭或压抑。这是片面的认知，因为每一种情绪都有其存在的价值和意义。

痛苦能让我们回归到此时此地的现实中；内疚能让我们重新审视自己的行为目的；焦虑可以引起我们的注意，多为将来做准备；恐惧可以动员全身心，让我们保持高度的清醒来应对险情……这些痛感，从某种意义上说，也是一种动力。

情绪本身没有好坏之分，只是人们对环境的反应。如果你在内心深处认为情绪本身是坏的，是不可接近的，或是对它提前预设了立场，那你必须要澄清这个错误观念了。事实上，情绪是一种中性的力量，每个人都会有倾向于不同情绪的反应，这很正常。当负面情绪开始影响正常的工作和生活时，人为地选择才是决定"好坏"的分水岭。

许多朋友都看过《阿甘正传》这部电影，也曾羡慕过荧屏中的那个"傻小子"活出了常人难以企及的精彩，佩服他对待生活和命运的态度。阿甘的 IQ 只有 75，可他有着一份坚定的信念，无畏童年伙伴的歧视和侮辱；在橄榄球场上肆无忌惮地奔跑，成为耀眼的明星；在战场上死里逃生，成为英雄；最后拥有了自己的捕虾船，成为亿万富翁。

阿甘是一个虚拟的人物，虽然 IQ 比较低，但正因为"想得少"，从不把时间和精力花在与情绪的对抗上，所以他的情绪状态一直很稳定，似乎什么问题在他面前都不是问题。那些在现实中选择不归路的佼佼者，智商很高，但在如何与自己的情绪和平共处方面，却与阿甘有着遥远的距离。

恰当地表达情绪，积极地面对问题

情绪是我们内在感受的真实反映，每种情绪都有其价值所在。就情绪本身来说，并无好坏之分，不必因为自己的愤怒、悲伤、羞愧等情绪而觉得有什么不对。我们要有意识地学习如何表达情绪，减少言语上的冲突，以及无效沟通。具体来说，可遵循以下几个步骤：

◆ Step 1：精确而单纯地描述自己的情绪，让对方知道。

◆ Step 2：询问对方为什么要说这些话、做这些事？不指责，寻求原因，听对方解释。

◆ Step 3：比较对方的解释与自己的推测。

◆ Step 4：再表达一次自己的情绪。

如果你发现自己总是为一些小事生气，且很长时间都陷在情绪的沼泽里时，那你一定要正视这种情绪的存在，并找出自己真正要去面对的问题。

比如：你要拜访一个重要的客户，说服对方与公司达成合作。任务很艰巨，你很紧张，这时候，问自己"怎样才能不紧张、不害怕、不难过"没有任何意义。

你紧张的原因，可能是缺乏自信，害怕被拒绝。此时，你需要做的是，问自己"怎么样才能说服对方？""怎么才能让自己说得更清楚、更有力度？"当你把这些问题解决了，自然也就克服了紧张的情绪。

控制和减少情绪化行为的方法

情绪化的行为会妨碍人与人之间的融洽相处，也会让个人心理发展产生阻碍。所以，我们必须要借助积极的方式去释放情绪，同时控制和减少情绪化行为的发生。

◆认识自己的情绪弱点

认识自己在情绪世界里的弱点和短处，在承认的基础上，分析自己为什么容易激动、愤怒？在什么情况下容易产生这样的情绪？而后，再找方法克服。

◆控制自己的欲望

情绪化的行为大都跟欲望有关，倘若功利心不能满足，行为就会变得简单、浅显，产生剧烈的反应。面对这样的情况，就要降低过高的期望，摆正得到与付出的关系。

◆正确地认识矛盾

看待事物不能走极端、片面化，要客观全面地观察问题，多看积极面，多看主流，让自己发现过去发现不了的意义和价值，让自己变得乐观向上，充满希望。

◆积极地面对逆境

人在遭遇困难时最容易出现不良情绪，当这些情绪长期得不到恰当释放时，就容易产生情绪和行为。为此，要学会接受现实，认识环境的不如意是难免的，不要折磨自己，要多找一些有趣的事情做，多参与社会活动，从而找寻到精神安慰。

02. 不会愤怒是悲哀，只会愤怒是愚蠢

1945 年，第二次世界大战期间，巴顿将军到战后医院看望伤员。他发现一名士兵蹲在一个箱子上，身上没有任何受伤的痕迹，就问他为什么住

院？士兵回答说："我受不了了。"医生赶忙过来向巴顿将军解释："他患的是急躁型中度精神病，这是他第三次住院了。"

巴顿将军听后，顿时大怒，把多日来积累的火气全都发泄在这个士兵身上，他狠狠地骂了那个士兵一顿，甚至用手打他的脸，大吼道："我绝对不允许这样的胆小鬼藏在这里，你的行为是军人的耻辱，已经损害了我们的荣誉。"说完，巴顿将军愤然离去。

第二次来探访的时候，巴顿将军又发现一个没有受伤的士兵住在医院，这一次他又火冒三丈。只见他阴沉着脸问那个士兵："你得的什么病？"士兵已经被巴顿将军的样子吓坏了，哆嗦着回答："我有精神病，能听到炮弹飞过，但听不到炮弹的爆炸声。"巴顿将军怒吼着说："你真是胆小鬼，是我们集团军的耻辱，你必须马上回去参加战斗，你真应该被枪毙！"

可怜的士兵终究没有逃过巴顿的耳光，而巴顿的行为也很快传到了艾森豪威尔将军的耳朵里。艾森豪威尔感叹道："看来，巴顿已经达到巅峰了……"

巴顿将军是一个出色的军事将领，战功显赫，但他的狂暴性格，却葬送了他的前程。面对有心理疾病的士兵，他没有了解情况就大打出手，几乎丧失了理智。作为一个指挥官，他认为只有肉体的痛苦才是受伤和疾病，对士兵的心理感受毫无同理心。他有大将的威严，但没有领袖的慈祥，而他愤怒的样子也让人对他敬而远之，这是他丧失晋升机会的重要原因。

愤怒，主要来自对客观现实的不满意，或是个人意愿屡屡受阻。

人在婴儿时期就已经有了愤怒的感情，当身体活动受到限制，或是想法不被理解时，都有可能激活愤怒情绪，大哭大闹。在社会生活中，遭受了侮辱、欺骗、挫折，或是被迫做自己不喜欢的事情时，也会让人产生愤怒。

愤怒是一把"双刃剑"

当愤怒的情绪肆意泛滥时，人可能做出难以估计的行为，对他人造成伤害。德国犯罪学家弗里德里克说："假如愤怒的刺激充足，几乎可以使每个人都犯下杀人罪，那些从来不犯这种罪的人，并非自制力过人，实在是没有遇见过相当境遇。"

这是不是说，我们不应该有愤怒的情绪？亦或，当愤怒的恶魔出现时，就要强制性地把它按压下去呢？当然不是。愤怒的情绪虽然让人不悦，可比起恐惧、绝望、压抑来说，却是情绪的盛宴。人生不可能没有坏事发生，除非我们完全与外界脱离，心如静水，不然的话，一旦有风吹草动，负面情绪就会爆发。面对这些问题，愤怒无疑也是一种释放。

愤怒有时可以帮助我们保护自己的底线，比如遇见一件不公平的事，不合理的安排，明明很在意，却假装潇洒说没事，时间久了就会模糊个人原则，被人恶意侵犯。倘若能合理表达出不满，就能帮助我们远离这样的问题，让人知道自己的底线是什么。

同时，愤怒可以帮助我们建立自尊。表达愤怒对每个人来说，都是一种合理的需求，在表达的过程中疏通负面情绪，可以减轻心理压力。特别是在自我价值和尊严受到侵犯时，恰当地传递出自己的愤怒，也能赢得他人的尊重。

厘清愤怒的来源，正确地表达愤怒

想要制服愤怒，本质的问题在于厘清愤怒的来源，要做到这一点，我们需要认识一些方法，重构自己对愤怒的认知。

◆方法1：明白自己想通过愤怒达到何种目的

愤怒是一种外在情绪，但很多时候并不是问题的根源，我们必须看清楚愤怒背后的欲望是什么？如果你想跟他人建立信任的关系，对方却让你失望，你直接以愤怒和疏离处理，那就永远失去了和对方交心的机会。不如换一种方式，说出自己真实的感受："我希望我们能成为很好的搭档，但有些事情影响到了我们，这让我很失望。我想和你谈谈，如何解决这个问题？"

实际上，这就是把愤怒的根源找了出来，用原生情绪（想和对方建立信任关系）代替了次生情绪（因需求得不到满足而愤怒），唯有用这样的方式来处理，才能更好地解决问题。

◆方法 2：不要把愤怒的情绪转移到无辜者身上

有时候，我们对一个人发火，是因为知道对这个人发火比较安全，但事后又会后悔，觉得自己不该如此。同时，无缘无故地把自己的不良情绪抛给无辜的人，接到包袱的人，势必会想办法将其甩掉，再传给别人，如此一来，你的不良情绪就成了一个污染源。

迁怒于他人，不仅仅是情绪失控，更是没有修养的象征。有愤怒的情绪没问题，但得选择无害于他人和自己的方式来宣泄，如哭泣一场、看电影、运动出汗等。

◆方法 3：用其他方式来弥补自尊心所受的伤害

有些人在自尊心受到伤害的时候，就习惯用愤怒来掩饰，这是一种自我防御机制。不过，这种方式不能真正地解决问题，为了面子而怄气，只会让自己陷入失落中，而在失落后又会感到愤怒。真正自信的人，是不会为了他人的一些言行就认为伤了自尊，很多时候愤怒都是源于不自信和缺乏安全感。

◆方法 4：真诚负责地表达自己的情绪

暴力只会带来更多的愤怒、伤害和报复，无论是口头的还是躯体的攻击，都不会浇熄怒火。你要告诉别人，到底是什么东西让你感受到愤怒和伤害，告诉对方你真正希望他们做的是什么，以不攻击的方式表达不满。与其怒气冲冲地指责对方说："你错了，你离谱。"倒不如说："我觉得受到了伤害，你的所作所为没有考虑到我的需要。"

◆**方法 5：汲取教训，化愤怒为力量**

愤怒是一次学习的机会，通过了解自己愤怒的来源，把愤怒的能量转化为成功的动力。平时，多注意那些让自己烦闷的情境，不要让环境影响心情。

03. 找出情绪雷区，避免为同样的事受困

"我发现自己很容易发脾气，每次碰到员工或客户开会迟到，我都会怒火中烧，忍不住指责对方不守信、不尊重人，为此得罪了不少人。我知道这么做不好，可我就是控制不住，怎么办呢？"说这番话的人，是某工厂的一位女主管。她叙述的是自己的烦恼，很多人看过之后，可能都觉得是在说自己。同样的情况反反复复出现，这几乎是一个普遍的情绪难题。

为什么情绪总是重蹈覆辙？

仔细回忆，你可能会发现，情绪反应其实是一个很固定的模式。令你感到生气的，无非就是那几种情况；令你感到沮丧的，也无外乎就是那几件事。每当这些特殊的情境发生时，你就会启动固定的情绪反应，就像事先设计好程序的电脑一样，很自然地就会情绪爆发。

为什么会这样呢？原因在于：我们所有的学习经验，都会在大脑中产生新的神经回路，情绪反应的学习也是这样。当我们第一次碰到员工迟到或拖延，忍不住发了脾气，这个情绪反应的"经验"就形成了一个新的神经回路。如果不是有意识地去修正，以后再碰到类似的情况，就会不假思

索地去斥责对方的行为。

这就是我们在情绪上重蹈覆辙的原因，倘若这些负面的情绪反应模式不改变的话，就会一直为了某件事情生气，或一直为了某件事担忧。

找出自己的"情绪雷区"

要改变这种情绪反应，阻止负面情绪的出现，最重要的是找出自己的"情绪雷区"。

什么叫"情绪雷区"呢？就是那些会引爆负面情绪的东西。

每个人都有自己独特的情绪雷区，有时一个人的雷区可能是另一个人的安全区，并不会引爆他的坏情绪。比如，你可能很在意别人是否守时，而另一个人却对迟到这件事很迟钝，导致这一差别的原因，是每个人成长的环境、生活的经验、父母的教导、自身的历练和个性不同，因而使得每个人的情绪雷区都有不同的样子。

那么，该怎样画出属于自己的情绪雷区呢？

◆ **Step 1：检视情绪**

回顾过去一个月内，曾经出现过如下情绪的情境（至少各列三项）：

- 当_____时，我感到难过。
- 当_____时，我感到生气。
- 当_____时，我感到害怕。
- 当_____时，我感到厌恶。
- 当_____时，我感到疲惫。

◆ **Step 2：思索核心价值**

所谓核心价值，就是心中那些根深蒂固的想法和观念，是它们形成了"我是我"的基础。核心价值观不太容易改变，如果别人（包括自己）的言行违反了自己的核心价值，愤怒的情绪就可能爆发，继而成为情绪地雷。

举例来说，你很看中诚信，如果有人欺骗你，那你很可能会大发雷霆。这些对我们而言很重要的信念，往往就是情绪地雷的导火索。所以，要检视一下自己的核心价值都有哪些？你可以尝试问自己下面这些问题：

- 我认为一个人应当表现出的理想特质是什么？
- 对我来说，生活中有哪些价值和规范是很重要的？
- 我欣赏的偶像身上有哪些优秀的品质？

把你的答案汇总起来，会看到一连串的词语，这些就是你的核心价值。当你了解了自己最看重什么东西，坚信什么理念，你就能更好地发现自己的情绪地雷。

◆ Step 3：规避雷区

在画出情绪地雷图之后，接下来要做的就是规避雷区。具体怎么做，因人而异，方法多种多样。这里提供一个"B计划"方案，可能会对你有所帮助。

假如你的"情绪地雷"是很难接受他人迟到，每次和你约见的人不守时，你就会发脾气。现在，你可以带上一本书、下载一部电影，别人迟到了，你就可以看书或看电影，做点有意义的事，避免在焦急的等待中引爆怒火。

当然，你可以开诚布公地把自己的"雷区"呈现给周围的人，让他们知道你不喜欢、不能接受哪些事情，恳请大家避开你的"死穴"。这样一来，不但让自己免受负面情绪的困扰，也不用因为别人不知情误闯雷区，闹得不愉快。

04. 化解抱怨的情绪，喋喋不休是无用的

爱尔兰现代主义剧作家塞缪尔·贝克特的名作《等待戈多》，是一部很有代表性意义的悲剧：故事发生在乡间的一条小路上，两个流浪汉在此等待戈多。至于戈多是谁，为什么要等他，他们自己也说不清楚。

在等待中，他们没事找事，没话找话，吵架、上吊、啃胡萝卜……突然传来一阵响声，两人一阵惊喜，以为是戈多来了，却发现是空欢喜一场。夜幕降临，其中一个流浪汉提议离开，另一人也同意了，可两人仍然坐着不动。

到了第二天，同样的时间，同样的地点，两个老流浪汉又开始重演昨天发生的事。他们重复前一天的言语和动作，没完没了地说话打发时间。到最后，其中一个流浪汉又提议走，另一个人也答应走了，可他们依旧像昨天一样，原地不动。

抱怨是一种无意义的重复

这幕荒诞剧借助两个流浪汉等待戈多，而戈多不来的情节，暗喻人生是一场无尽无望的等待。我们把这个情节延展一下，放在抱怨者身上，会发现两者有惊人的相似之处。所有的抱怨都没有实质性的见解，也没有采取要改变现状的行为，只是站在原地，不停地重复着同样没用的话。

抱怨的背后，隐藏着很多不为人知的内幕。也许，最开始只是一种倾诉，为了减压、排解苦闷，看似是对现实生活不满，实则是对自己不满。抱怨的背后是在说："为什么我总是这样？为什么我不能更好一些？"带着这样的心理，势必会生出一些焦虑，要通过抱怨的途径来获得他人的安慰。

抱怨的人不停地责备外界环境或他人，其实是在申诉自己内心的某种需要，但又不会通过其他方式来表达，就把大量的时间和精力都用在了抱怨和引人注意上。对于抱怨者，倾听的人最初会采取给予建议的方式来对待，就像《等待戈多》里那个提出离开的流浪汉一样，可时间久了却发现，抱怨者只是用耳朵听，根本不付诸行动，只是重复抱怨。

看到这里，你可能也明白了：抱怨的本质不在于某一件事，而在于抱怨者内心的软弱和行动力的匮乏。就算他们抱怨的这件事得到了解决，接下来他们还会为了其他的事情继续抱怨，就像《等待戈多》里不断重复的场景一样。

生活的旅途不可能是平坦的，高低起伏是再正常不过的事，陷入低谷时就一味地抱怨、烦恼，哭诉生活的不公，怨怼周围的环境，沉溺于其中无法自拔，除了让自己坠落得更深以外，再无其他用途。更糟糕的是，抱怨的情绪还会破坏原本积极的潜意识。

想想看，当你头脑里出现抱怨的想法时，你是不是会在不知不觉中停下或放慢手中的工作，对什么事都提不起兴致，满脑子都在为自己鸣不平？就算是很简单的一件事，在带着怨气去做的时候，也会烦躁不安，甚至做得一塌糊涂！事实上，这就是抱怨最可怕、最毁人的地方，它会无声无息地削弱你的意志和能力，让你的人生在抱怨中毫无作为。

如何化解抱怨的情绪？

比尔·盖茨曾经给年轻人提出过11条发自肺腑的忠告，其中第一条就是："世界充满不公平，你不要想着去改造它，而是要去适应它。"无论遭遇什么样的处境，如果只是喋喋不休地怨天尤人，那么注定于事无补，还会把事情弄得更糟，而这也绝不是我们的初衷。真正有益的选择是，化解抱怨的情绪，靠行为改变现状，努力争取想要的结果。

至于如何化解抱怨的情绪，这里有几条建议可供参考：

◆遇到问题别只顾抱怨，也从自身找找原因

美国总统富兰克林每天晚上都要自我反省。他说自己犯过十三项严重的错误，其中三项是：浪费时间、关心琐事、与人争论。睿智的他明白，若不改掉这些缺点，难以成就大业。所以，他决心一周改掉一个缺点，每天进行记录，一直持续了两年之久。

遭遇令自己不快的事情时，不要急着抱怨，先从自己身上好好地寻找原因。只有善于自省，才能有效地掌控心绪，让人生更完善、更圆满。

◆多给自己一些正面的暗示，调适心理状态

当我们对外部的环境感到无力时，抱怨改变不了任何东西，要积极培养自我的心灵自由，将自我引向积极和美好的一面。在内心里积聚力量，等待时机，最终为自己赢得好的外在环境。记住：你有选择的权力，也有选择的力量，只要你的潜意识里接受了积极的东西，你便会成为一个积极向上的人，而你的工作和生活也会随之发生改变。

◆客观地看待问题，尽量做到就事论事

每件事情的发生，总会有它的原因，不要主观地去看待问题，也不能将责任全推到别人身上，想想自己有没有做得不妥之处？真遇到需要解释的事，试着让心情平静下来，就事论事。这样的话，周围的人也会愿意和你沟通相处，心平气和才是"讲道理"的表现。

◆多一分感恩，就能抵消一分抱怨

一位退休的公交司机，站在曾经与自己朝夕相处的公交车面前鞠躬道别，在场的所有人都感动不已。这是一位敬业的女司机，她在公交车上度过了32个春秋，将自己最美好的年华都奉献给了公交事业。同事们总是亲

如果，你拥有一万双眼睛，
为什么一直还只用一双眼睛看世界？

切地称呼她"老婆儿"。

谁都知道，公交司机是个辛苦的工作，每天起早贪黑，不能够多喝水，每天还要长时间驾驶，很容易导致腰肌劳损，可她却在这个岗位上连续工作了32年。这32年来，她一共开过三辆新车，每一次都将车开到退役，期间她从未被乘客投诉过，也从未发生过一次交通事故，每年公司的优秀员工名单中都有她的名字。

在她即将退休的最后一次行车的时候，一位老乘客特意在车站等着她，为她送上一束鲜花。尽管她每天回到家时都非常疲惫，可她从来没有过一句抱怨，她非常快乐，经常给家人讲述沿途发生的故事。为此，儿子还给她起了一个雅号——快乐的驾驶员。

有人问她：为什么总是这么开心？她动情地说："我总觉得，工作是上天赐给我的礼物，让我每天都能接触很多的乘客，帮助他们解决问题，也结交了很多朋友。"

当一个人心怀感恩时，会觉得很多抱怨都是无谓的，很多烦恼都是自找的，很多困难都是可以征服的。时刻把感恩记在心里，会让我们变得宽容、平和，能够接纳更多的人和事，某一个不经意的瞬间，我们的生命就可能因为懂得感恩而得到提升。

05. 正确处理委屈，把负面影响降到最低

陈芳在公司负责整个营销系统通讯录的维护和编制，但通讯录都是分公司提报的。

那天，副总问陈芳，分公司的物流专员是不是Sam，她说是。副总又

重复了一遍，她依然说是。结果，副总从旁边的人事处查了一下，发现物流专员已经变了，不再是 Sam，但编制的通讯录上却没有更改。

陈芳一下子愣在那里，随后反应过来，立刻告诉副总说是分公司报的，他们没改过来自己也就没更新。副总走了，可她心里却很不舒服。从副总的眼神里，她看出了些许不满，只是没有说出来。她坐在工位上，倍感委屈。

在公司没有发生变故时，陈芳深受前老板的赏识，现在只能做一些没有多少技术含量的工作，这已经够委屈的了。这次的事，本来是分公司没有更新要提报的通讯录，副总却认为是她的责任，难道自己要打几千个电话一一核实吗？

那天回家后，陈芳就把自己关在房间里，晚饭也没吃。思前想后，怎么都觉得委屈，她就给朋友打了一通电话。当时，她的情绪很激动，感觉工作很没意思，想辞职，不信找不到比现在更好的工作。朋友任由她发泄不快，没有安慰也没有指责。

待她情绪平静下来后，朋友缓缓地跟她讲："工作中谁都会受委屈，这不是辞职和迁怒于他人就能避免和解决的事，每个人都只能自己去调节、去化解。想开了的话，每受一次委屈，就是一次收获，至少能让你记住这个教训，日后不再重蹈覆辙。"

挂断电话后，陈芳重新梳理了一下思绪，对这次事情也有了另外的感受。想到自己刚刚的样子，不免觉得有些幼稚。如果这点委屈都受不了，今后还怎么做事？临睡前，她给副总发了一封邮件，承认是自己工作不到位，不该推卸责任，并提出了处罚方案。

第二天上班，再见到副总时，对方先给了她一个微笑。陈芳心里的那个疙瘩，终于解开了。从那以后，再遇到"委屈"的事，她不会只想着"走人"和发脾气，而是思考着如何去化解委屈，把负面的影响降到最低。

工作中受委屈是不可避免的事，但如果用大发雷霆、怨天尤人、拂袖而去的方式处理，就显得不那么明智了。在老板眼里，一个受不了任何委屈的员工，缺乏忍耐力，不懂妥协，做事急躁，产生消极的情绪，与上司有隔阂、与同事生闷气，必然会影响工作。真正理性的做法是，学会去化解这些灰色因素，让自己回到正常的、积极的轨道上来。

怎样处理工作中的委屈？

◆没有绝对的公平，该忍耐时须忍耐

刚参加工作半年的张珂，说起工作来满腹委屈。

进入公司前，父母一再地嘱咐他，到了单位要勤快点，少说话多做事。张珂很听话，上班第一天就主动打扫办公室的卫生，给同事和领导擦桌子。这样的做法果然得到了大家的一致好评，可让他郁闷的是：从此以后，他就成了办公室里的勤杂工。

有一次，他故意什么都不做，领导便问："张珂，你是不是身体不舒服？"听起来是关怀的话，可张珂却觉得很别扭：平时从来都不问我，只有今天没擦桌子扫地，反倒问起来了？关心的背后，难道不是在质问为何不打扫卫生吗？自己可是名校出来的高才生，怎么就成了勤杂工呢？

绝对的公平是不存在的，初入职场者更需要认识到这一点，抱怨自己被当成"勤杂工"的张珂，只看到了眼前的不公平。有些委屈，该忍耐时须忍耐，如果能放下计较，认真观察和反思，也可以从小事中学到很多东西。

◆沟通是化解委屈的重要途径

冯帆对领导安排的工作，从来都不会说"不"，无论是什么样的急活，

只要交给她，通常都能搞定。一次，领导把生病同事负责的项目交给冯帆。当时，冯帆手里也有一个项目在进行，可她还是硬着头皮接了。

前期与客户的沟通，同事都已经做完了，冯帆只能在电话里向同事了解客户的要求。时间很紧，冯帆加班加点地总算把方案做出来了。可是，客户对方案并不满意，说与当初洽谈的差别很大，而领导把责任归到了冯帆身上。

之后，冯帆亲自与客户沟通，这才明白，原来客户的要求和她之前从同事那里了解到的出入很大。这件事情，要么就是同事理解或表达有误，要么就是同事故意为之。不管怎么样，冯帆都觉得委屈，毕竟自己忙活了一番，不仅没得到认可，还被领导认为办事不力。

沟通是化解委屈的重要途径。遇到冯帆这样的情况，完全可以直接和领导沟通，客观地解释自己的困难，对自己在整个事件中的过错表达歉意。其实，很多时候，谁对谁错并不那么重要，你的态度带给对方的感受才是最重要的。

如果心中有委屈，且沟通无法使状况改变时，也可以找没有利害关系的、可信的人倾诉一下。当情绪平复后，再积极地想办法解决问题。无论如何，不要把"委屈"无限放大，看得太重。心胸宽阔一点，才能清醒地认识自己，不至于在前进道路上被琐碎的烦恼绊倒。

06. 冲破心魔，带自己走出焦虑的风暴

心理学上有一个著名的实验：

把同窝生的两只小羊放在不同的条件下喂养，其中一只可以自由自在地生活，没有任何限制和威胁；另一只用绳子拴在树上，在长绳允许的范围内自由活动，但这只羊的附近放着一只铁笼子，里面关着一只凶恶的狼。

由于这只羊终日与狼为邻，极度恐惧焦虑，没过多久就死了；另外一只羊却很健康地活着。

这个实验提醒我们，焦虑情绪对健康有极大的危害。

所谓焦虑，是指某种实际的类似担忧的反应，或者是对当前或估计的对自尊心、生存处境、未来发展有潜在威胁的任何情境所具有的一种担忧反应倾向。焦虑以恐惧为主要的情绪特点，还有其他多种情绪成分，如愤怒、痛苦以及内疚、羞愧等。

警惕持续性焦虑的杀伤力

短暂的焦虑没有什么大问题，属于一种适应性的情绪。比如，即将要进行一场重要的比赛，这种焦虑实际上是一种自我调整，只要完成了这场比赛，也就恢复了情绪的正常，且有了这一次的经验后，下一次比赛可能就不会焦虑了。但是，如果最终不敢参赛，焦虑就变成了一种症状，再遇到此事还会产生恐惧和敌意。

持续性的焦虑比较麻烦，很有可能内化为性格。当一个人长期陷入焦虑的情绪中，内心就会被恐惧、烦恼、不安等情绪困扰，行为上出现退缩、消沉等，久而久之还会产生焦虑症。这就是弗洛伊德说的："如果一个人不能适当地应付焦虑，那么这种焦虑就会变成一种创伤，使这个人退回婴儿时期那种不能自立的状况。"

人在持续焦虑的状态下，会心绪不宁、血压升高、心跳加速，胸部有被堵塞的感觉，寝食难安。同时，当一个人焦虑过度时，会比平时更容易患得患失、瞻前顾后。尽管焦虑的情绪不如愤怒来得猛烈急促，可它依然会吞没我们的正常生活。

诱发焦虑的五大因素

焦虑的成因比较复杂，专家分析焦虑是由遗传因素、精神因素、生物学因素和性格特征等多重因素影响产生的。

◆诱发因素 1：过分追求完美

人都有追求完美的情结，但现实终究不如想象中那么美好，或多或少都会有缺憾和瑕疵。过分追求完美的人，往往就会陷入其中不可自拔，为了那些不圆满的事物长吁短叹、心烦意乱，不停地埋怨自己，内心焦虑不安。

◆诱发因素 2：抗挫能力差

有些人心理素质不太好，有神经质的人格，对于外界的刺激非常敏感，承受挫折的能力很差，经常会陷入提心吊胆、杞人忧天的状态中，甚至疑神疑鬼，心神不宁。

◆诱发因素 3：缺乏生活阅历

有句话说得好："不曾经历，怎会懂得？"有的人活得比较单纯，也没有接受过挫折教育，总是想当然地认为生活就是用来享受的，不该有困难阻碍。未经世事的他们，根本没有做好迎接苦难的准备，当有一天意外降临，他们立刻就会陷入惶恐不安中，不知所措。

◆诱发因素 4：太过急躁冒进

有的人急性子，希望做什么事情马上就能得到回报。可事实告诉我们，这个世界上根本就没有一蹴而就的事情，只有不懈地努力拼搏，才可能换来一些起色。所以，这些人在等待结果的过程中，非常容易感到焦虑。

◆诱发因素 5：自卑与羞耻感

有些人总是错误地评估自己，认为自己的表现很糟糕，跟别人比起来差太多，就开始自责，产生羞耻感。也有一些人习惯为失误而自责，身心疲倦，活得毫无乐趣，患上焦虑症。

如何走出焦虑风暴？

虽然焦虑的情绪不如愤怒来得猛烈急促，但它依然会吞没我们的正常生活。所以，当我们觉察到自己产生了焦虑情绪时，要采取一些有效的措施，让自己走出焦虑风暴。

◆方法1：学会自我疏导

当你发现自己被焦虑情绪左右时，可以尝试转移注意力到愉快的事情上，而使焦虑情绪被渐渐淡忘。另外，也可以采取剖析焦虑原因的方法去缓解，在感到焦虑时，扪心自问：我为什么会焦虑？我到底在担心什么？有什么办法能解决这件事？

◆方法2：思考最坏的结果

焦虑会破坏人的注意力，使人无法专心致志地想问题，也很容易丧失当机立断的能力。为此，我们可以选择强迫终止焦虑，正视现实，准备承担最坏的后果，消除一切模糊不清的念头，集中精力去思考解决问题的办法。这是处理焦虑情绪的一个通用方法，整个过程分为三个步骤：

•Step 1：心平气和地分析情况，设想已经出现的问题可能会带来的最坏结果。

•Step 2：预估最坏的结果后，做好勇敢承担下来的思想准备。

•Step 3：心情平静后，把所有的时间和精力用在工作上，尽量排除最坏的结果。

◆方法3：用安全的方式倾诉

感到焦虑不安的时候，也可以主动把内心的担忧告诉身边可信任的人，减轻一下心理负担。如果没有合适的倾诉对象，也可以找一张纸，把自己的担忧写出来。这样做的话，可以厘清思绪，让模糊不清的问题有个脉络；同时也能让自己清晰地认识到问题的性质，是否真有那么糟糕？还能够从一些被忽略的细枝末节中，找寻到解决问题的思路。

07. 产生抑郁情绪时，要懂得自我保护

流浪在撒哈拉沙漠的女作家三毛，年少时就是一个不太合群的孩子。孤独与阴郁，是她童年的所有记忆。从她接触的环境和作品里总能隐约嗅出抑郁的味道，她在《梦里花落知多少》里写道："如果选择了自己结束生命的这条路，你们也要想明白，因为在我，那将是一个幸福的归宿。"

不过十岁的少女，却想着自己可能活不到穿长筒袜的 20 岁就会死去。后来，她考上了中国台湾最好的女中，但她古怪的性情依旧没有改变，且愈发内向，身体也变得越来越弱。由于很难适应学校生活，13 岁时三毛在焦虑和抑郁中自杀过一次。后来长大，她无法承受男友病故的打击，当即吞下一把安眠药，所幸抢救及时。

悲剧并没有就此终止，当与三毛共度六年幸福生活的丈夫荷西在潜水中意外丧生后，三毛的世界彻底崩塌了。1991 年 1 月 4 日，在台北荣民医院，三毛用丝袜结束了 48 岁的生命。

谁都有可能与抑郁情绪相遇

抑郁不是一个新鲜的词语，抑郁情绪甚至已经成为现代人的情绪通病。

每个人在一生中的某个时刻，都可能与抑郁情绪狭路相逢。抑郁情绪有可能毫无阻拦地闯入每个人的生活，感情不顺心、事业遭挫折，亦或遭受自然灾害和交通事故，人的精神都会因此遭受重大打击，从而产生抑郁情绪。

抑郁情绪≠抑郁症

当我们自己或身边人出现抑郁情绪时，不能断然地下结论说一定是患了抑郁症。抑郁情绪和抑郁症是有区别的。

◆区别 1：抑郁情绪是心理问题，抑郁症是病理问题

人在生活中遭遇挫折打击以后，都会很自然地产生情绪变化，如感到悲伤、沮丧、失落等，这样的情况就属于抑郁情绪，不会持续太长时间。抑郁症是以抑郁情绪为表现的一种精神疾病，但它属于病理性的抑郁障碍，患者会出现长时间的情绪低落、思维迟缓和运动抑制，感觉死气沉沉。

◆区别 2：抑郁情绪"事出有因"，抑郁症"无缘无故"

抑郁情绪往往都是基于一定的客观事物，也就是我们常说的"事出有因"。但抑郁症则是病理情绪抑郁，无缘无故地情绪低落，没有客观应激条件。

◆区别 3：抑郁情绪有一定时限，抑郁症的症状持续存在

正常人的情绪变化往往都是短期的，可以通过自我调适，恢复心理平稳。抑郁症患者的抑郁症状却是持续存在的，不经过治疗的话，症状很难自行缓解，甚至还会加剧。

◆区别 4：抑郁情绪程度较轻，抑郁症的症状较重

抑郁情绪通常是比较轻的，虽然悲伤低落，却不影响日常的工作和生活，会随着生活事件的解决而自然缓解。抑郁症的症状很严重，会影响患者的日常生活，甚至会产生严重的消极厌世或自杀的倾向，必须经过治疗，很难自行缓解。

重塑思维模式，走出抑郁的阴霾

不良的思维模式，或者说认知障碍，是导致抑郁的重要根源。想要走出抑郁的阴霾，或是减少抑郁情绪的产生，最重要的一点就是重塑思维模式。

◆ 摆脱消极认知的影响

神经科学家指出，人之所以会产生抑郁，是因为负责动脑筋的"思考脑"与负责情绪的"感性脑"之间的交流出现了问题，让人不自觉地关注消极面，把失败、痛苦、挫折、打击等消极体验，牢牢地刻录在脑海中。

相关研究显示，要中和消极事件给人带来的坏心情，需要用三倍的积极事件来平衡。要摆脱消极认知的影响，就要增强负责乐观的大脑神经环路。在处理现实问题的时候，要尽量秉承以下三点原则：

- 原则 1：不扩大事态
- 原则 2：对事不对人
- 原则 3：不夸张渲染

每个人在身处逆境时，都不免会有一些畏惧之心，但要学会客观地看待问题，不能偏激地把原因归咎于自己，更不要过分夸大事情的影响。乐观和悲观一样，都是习惯累积起来的，不断尝试用积极的思维模式去处理问题，久而久之就会形成习惯，创造积极向上的正向循环。

◆ 及时叫停反刍思维

过度关注痛苦的经验以及事物的消极面，会损伤我们的情绪，扭曲我们的认知，让我们以更加消极的眼光去看待生活，从而感到无助和绝望。反刍思维，就是不断地回想和思考负面事件与负面情绪，它会严重地消耗个体的精神能量，削弱其注意力、积极性、主动性以及解决问题的能力。在反刍的过程中，个体也很容易做出错误决策，进一步损害身心健康。

想要避免陷入抑郁情绪，或早日从抑郁情绪中走出来，应及时叫停反刍思维。具体来说，打破反刍思维的方法有以下几种：

• 方法1：分散注意力

沉浸在反复回忆痛苦的反刍中时，提醒自己"不要去想"是无效的。大量的实验证明，努力抑制不必要的想法还可能会引起反弹效应，让人不由自主地重复想起那些原本尽力在逃避的东西。与拼命的压制相比，更为有效的办法是——分散注意力。

相关研究显示，通过去做自己感兴趣或需要集中精力完成的任务来分散注意力，如有氧运动、拼图、数独游戏等，可以有效地扰乱反刍思维，并有助于恢复思维的质量，提高解决问题的能力。所以，你不妨创建一张对自己有效的分散注意力的事件清单，在发现自己陷入反刍中时，立刻去做这些事，阻断反刍。

• 方法2：切换看问题的视角

为了研究人们对痛苦感觉和体验的自我反思过程，科学家们试图找出有益的反省与消极的反刍之间的区别，结果发现人们对痛苦经历的不同反应，与看待问题的角度有直接关系。

在分析痛苦的经历时，人们倾向于从自我沉浸的视角出发，即以第一人称的视角去看问题，重放事情发生的经过，让情绪强度达到与事件发生时相似的水平。当研究人员要求被试者从自我疏远的角度，即第三人称的角度去看待他们的痛苦经历时，他们会重建对自身体验的理解，以全新的方式去解读整个事件，并得出不一样的结论。

在实践这一方法时，你可以这样做：选择一个舒服的姿势，闭上眼睛回忆当时的情景，把镜头拉远一点，看到自己所处的场景。当你看到自己的时候，再次把镜头拉远，以便看到更大的背景，假装你是一个陌生人，正在路过事件发生的现场。确保每次思考这件事时，都使用同样的场景，这样做的目的有助于减少生理应激反应。

- 方法3：认知重构

当我们感到悲伤或愤怒时，经常会有人这样劝慰我们："去打个沙袋吧！发泄一下。"这样做真的有用吗？通过攻击良性对象来宣泄负面情绪，无法从根本上解决问题，还可能会加强我们的攻击冲动。真正能够帮助我们调节情绪的有效策略，其实是"认知重构"，即在脑海中改变情绪的含义，从积极的角度去解释事件，从而改变我们对现状的感受。

08. 调试心境，把压力控制在一定限度内

人生在世，身体、学业、工作、情感、人际关系等环节都不会总是顺风顺水，压力自然也就如影随形。很多人一提到压力，就不免感到紧张，甚至心生反感。快节奏生活带给人的诸多负面影响，也开始让心理减负、情绪减压成为各大媒体争相谈论的焦点。

正确认识压力

活在世上，我们必然要接受生活的变化和刺激，当刺激事件打破了有机体的平衡与负荷能力，或者超过了个体的能力所及，就会产生压力。简

单来说，压力就是个体在心理受到威胁时产生的一种负面情绪，同时也会伴随产生一系列的生理变化。

适度的压力，并不是一件坏事，它能够促使我们不断地提升自我，让生活变得更充实，让人生变得更有意义。心理学研究表明，早年的心理压力是促进儿童成长和发展的必要条件，经受过生活压力的人将来更容易适应环境；如果早年生活条件太好，没有经历过任何挫折和压力，心理承受能力与环境适应能力都会有所欠缺。

事实上，压力本身并不必然导致身心健康异常，真正伤人的是长期的、过度的心理压力。当一个人长期处在压力之下，身体中的皮质醇就会分泌过量。皮质醇的主要功能是在外界压力突然出现的短时间内，迅速提升人体的生理和行为反应，以适应特殊环境的变化。如果皮质醇持续分泌，交感神经一直处于高度兴奋状态，皮质醇的调节模式就会失常。

皮质醇是把心理压力转化为神经症的生理中介，当这个中介出了问题以后，心理问题就会通过生理方式呈现出来，导致血压升高、免疫力下降、消化功能遭到破坏、身体疲劳、记忆力和注意力减退……这也是为什么心理老师建议神经内科的患者需要接受心理咨询。

学会与压力共处

在面对压力的时候，不少人的第一反应是厌恶，想要把它彻底清除掉。其实，这是一个认知误区，正确应对压力的方式不是去消灭它，而是从认知上调整对"压力"这个现象本身的焦虑，学会与压力共处。毕竟，人生的任何一个阶段都不可能完全没有烦恼。

我们要坦然地接纳压力，它就是生命和生活的一部分；对于压力带来的紧张情绪，要学会调适，为自己树立切实可行的目标，切断那些把情绪带入深渊的欲望，在豁达与变通中，与压力共舞。与压力和平共处，方法有很多，究其根本而言，主要遵从三个法则：

◆法则 1：减少压力源

生活中有很多压力是不必承担的，比如：太过争强好胜，不懂得拒绝他人，对自己的期望不合理、太过在意他人的看法等，这些都会给内心带来压迫感与紧张感。对于这样的压力源，就要人为地干预，不要凡事都揽在自己身上，要适度表达和满足自己的需求，不要承担超过自身能力限度的任务。

◆法则 2：提高自我效能

所谓自我效能，就是个人对自己能力的判断，对自己获得成功的信念强弱。高自我效能的人，有信心应对压力，会把压力视为挑战而不是威胁。在遇到挫折和困难的时候，不会自暴自弃，懂得自我调适。相反，低自我效能的人，会把压力视为威胁，由此感到惊慌失措，很容易被压力打倒。

自我效能的高低与个人的经验、受教育水平等有关，努力学习技能、多积累正向经验、接受自身的缺点、学会自我赏识和自我激励，都是有效的措施。总而言之，生活从来不会变得容易，如果有一天它显得"容易"了，也是因为我们自己变得强大了。

◆法则 3：掌握应对方法

逃避，永远只是暂时躲开压力的威胁，迟早还是要面对。只有掌握积极有效的应对方法，才能从根本上解决问题。具体来说：面对压力的反应，我们在解决策略上有两种取向：

其一，情绪焦点取向，就是控制个人在压力之下的情绪，事先改变自己的感觉、想法，专注于缓解情绪冲击，不直接解决压力情境。

其二，问题解决取向，就是把重点放在问题本身，在评估压力情境的基础上，采取有效的行为措施，直接解决问题，改变压力情境。

具体怎么操作，要看当时的个人状态和处境。如果说，问题一目了然，只要采取行动，就能消除紧张和压力，自然就可以直接选择问题解决取向。如果个人的情绪很糟糕，脑子一片空白，根本想不出解决问题的办法，那不妨先调整情绪，而后再去解决问题。

星 期 六

实干决定前途
——与其坐而论道,不如起而行之

01. 求真务实，踏实地做好本职工作

一位中国留学生在德国问路："先生，请问这个地方怎么走？大概需要多长时间？"

德国人告诉他具体的路线，却没有回答第二个问题。

留学生刚走出二三十米，对方突然追上来，说："你走到那里，大概需要12分钟。"

"您刚刚是忘记了告诉我这个答案吗？"留学生问。

德国人摇摇头，说："你问我多长时间到，我需要看到你走路的速度才能知道。"

虽然只是很小的一件事，却给那位中国留学生留下了非常深的印象，他感受到了德国人务实的作风。后来，他发现德国人不仅在生活上如此，对待工作更是严谨。在德国企业里，无论是高管还是基层员工，都兢兢业业地致力于本职工作，没有浮夸之气。他们不仅认真完成工作，在完成工作后还会自行检查，对每一个细节都认真核对，丝毫不敢懈怠。这种务实的工作作风，不单单是德国企业秉承严格的规章制度，更在于员工的高度自觉性。

实事求是、一丝不苟的态度，已经渗入到德国人的血液中，他们在工作中的表现，犹如一台精密运转的仪器，严格冷峻。正是靠着这股精神，

德国企业才能创造出诸多享誉世界的精品。

求真务实，脚踏实地

对我们来说，想打造自身的核心竞争力，也要具备求真务实的精神。

英特尔中国软件实验室总经理王文汉先生曾说，英特尔公司在考虑员工晋升时，从来不把学历当成唯一因素，顶多是一块敲门砖，员工入职后的发展，完全取决于自己的努力。有些研究生毕业的员工，做事不够踏实，他的工资就可能被降级；一些只有本科学历的员工，靠自己的努力得到了不错的业绩，很快就能得到晋升。

英特尔中国软件实验室里，有一位软件工程师，他的学历连本科都够不上。他之所以能够进入英特尔，完全是凭借自己的设计能力。最初，他是作为普通程序员被录用的，可王文汉很快发现，这位程序员一点也不普通，他不仅能高质高效地完成程序设计工作，还在努力学习研发知识，利用休息时间参加了英特尔内部及各大院校举办的软件开发课堂。

一年以后，英特尔中国软件实验室打算引进高水平的软件工程师，该员工因为业绩扎实、技术水平先进顺利入选。与此同时，不少比他先进入公司的、拥有更高学历的程序员们，都在原来的位置上继续消耗自己的青春。

事业方面的成长和进步离不开务实的精神：知识和技能要靠扎实地学习来获得，处理问题的经验要靠艰苦的努力来积淀，上司和同事的支持要靠诚信的品质、实在的能力来赢取，转瞬即逝的机遇要靠坚实的力量来把握。没有求真务实的精神，就不会有脚踏实地的努力。

心存高远，意守平常

郝嘉上大学时，勤工俭学，找了一份做市场调查的兼职。刚开始，她对工作挺有积极性，每天都忙到很晚，认真地整理资料、撰写报告。可没过多久，这份热情就消退了，她觉得这份工作太枯燥了。人一旦对某件事丧失了兴趣，就很难集中精力去做好它，郝嘉也是如此。她觉得，反正自己的工作也没人监督，调查报告这种东西，随便写点东西应付一下就行了。而后，她就用这种虚假的方式应付着工作。

几次后，郝嘉发现老板并未察觉，就愈发胆大起来，无意间还向同事透露了自己的"秘笈"。结果，有人不满郝嘉的行为，向领导反映了。经过核查，郝嘉递交的报告确实是在弄虚作假，她也就失去了这份兼职。

毕业后，她到一家公司上班，由于之前有了教训，她再不敢弄虚作假。对工作中的任何事，她都小心谨慎，业绩很不错，深得领导赏识。公司有一套培养计划，所有员工都要从最底层的岗位做起，了解公司的流程，磨掉浮夸的作风。郝嘉是一个有抱负的人，她不了解公司的用意，天天想着如何跳出基层。人的精力是有限的，当她把所有心思花在调岗上，对本职工作就松懈了。

经验丰富的领导，自然明白郝嘉的想法，没有指责她的行为。然而，几个月下来，领导发现郝嘉一直把心思放在"高屋建瓴"方面，把基层工作视为"傻瓜也能干"的事，心态非常浮躁。领导劝她，先把基础性的工作做好，打好地基，楼才建得高。郝嘉不理解领导的用心，依旧我行我素。结果，她在工作里频繁出现低级错误，给公司造成了不少的负面影响，领导狠狠地批评了郝嘉，说她好高骛远、不切实际。

领导的话很犀利，但也醍醐灌顶般浇醒了郝嘉。她想起兼职时发生的事，还有工作这几个月来经历的一切，确实是自己的心态有问题，急功近利，却又眼高手低。一通反思后，郝嘉在言行上收敛了许多，摒弃了幻想，认真地做每一件事，不再终日琢磨着怎么调岗了。见她有转变，行事作风也踏实了很多，领导主动将其从业务部调到了她心仪的策划部担任策划助理，朝着理想的职业发展。

很多时候，不得志并非伯乐不具慧眼，而是自己没有表现出千里马的潜质。弄虚作假、好高骛远、不切实际，没有哪个企业愿意用这样的人。无论工作还是生活，都得一步一个脚印地走，成功不是随便伸手就能摘下的果子，要用脚踏实地的努力去换。踌躇满志是好事，但人不能总盯着远处的风景，总得先注意脚下的石子，少被绊倒，才能早日抵达目的地。

02. 小事成就大事，把工作做深做细

顾思思在一家外贸公司做业务经理。有一回，她负责一批出口枕头的贸易项目，流程进展得很顺利，可没想到这批枕头却被进口方海关扣留了。加拿大方认为枕头的品质有问题，提出退货的要求。

若真退货的话，公司的损失是巨大的，这让顾思思很着急。但她怎么也想不出来，到底是哪儿出了问题？在和进口方合作的过程中，枕头的面料、颜色都是通过打样和对方反复确认的，到底是什么原因让海关扣留了货物，甚至要求退货呢？

最后，经过了彻底的调查，顾思思才知道，问题出在了枕头的填充物上。负责这项工作的员工，压根没把填充物的作用当回事，就只顾着外包装了。由于没有跟制造厂商具体商量填充物的标准，制造商就在其中混入了一些积压的原料，导致填充物中出现了小飞虫。

这一细节的疏忽，给公司造成了不少的经济损失，名誉上也受到了影

响，让客户觉得做事不可信、不够诚实，将来再想与该公司合作，难度很大。顾思思回头想想，若是当初考虑到这个细节，亲自打开枕头看看，也许就能避免这样的结局。整件事情，从下属到管理者都是有责任的，至少在观念上没有把细节当回事。

洛克菲勒曾说："当听到大家夸一个年轻人前途无量时，我总要问：'他努力工作了吗？认真对待工作中的小事了吗？他从工作细节中学到东西了没有？'"这样问的原因，是洛克菲勒深谙一个道理：一个人学历再高，若是工作不认真，不把判断力、逻辑推理能力和专业知识跟具体的细节联系起来，终将一事无成。

有一家公司对外招聘业务员，开出的薪资待遇非常诱人。在诸多的应聘者中，有一个年轻人条件相对优秀，他毕业于名校，有三年的业务经验。大概是有底气，所以在面试过程中，他表现得非常从容，也很自信。

考官问他："你在原来的公司做什么工作？"

"做花椒贸易。"

"以前花椒的销路很好，但近几年国外的客商却不愿意要了，你知道为什么吗？"

"因为花椒的质量不行了。"

"你知道为什么质量不好吗？"

年轻人想了想，说："肯定是农民在采集花椒的时候，不够仔细。"

主考官看了看他，笑答："你说错了。我去过花椒产地，采集花椒的最佳时间只有一个月。太早了，花椒还没有成熟；太晚了，花椒在树上就已经爆裂了。花椒采好后，要在太阳底下暴晒一整天，如果晒不好，就不能成为上等品。近几年，很多人为了省劲，就把采集好的花椒放在热炕上烘干。这样烘出来的花椒，从颜色上看跟晒过的花椒差不多，可是味道却完全不一样。做一个好的业务员，一定得重视工作中的各个细节。"

细节决定差距

雕塑家加诺瓦在即将完成一项杰作时，有个朋友在旁边观摩。

加诺瓦的一刻一凿，看起来漫不经心，朋友以为他是故意在做样子给自己看。加诺瓦看出了朋友的心思，告诉他："在外人看来，这看似不起眼的几刀，好像没什么，但正是这一刻一凿才把拙劣的模仿者和真正的大师区分开来。"

世上多少令人惊叹的发现，都是在一些小小的细节中获得的，多少天才也正是留意到了、把握住了这些细节，才使得他们不同寻常。若说成功有什么奥秘的话，那就在于以乐观积极的态度过好每一天，处理好每一处细节。只有认真、用心的人，才能赢得机遇；珍视细节，就是在珍视一个个美好的机遇、一个个成功的阶梯。

03. 即使是 1% 的错误，也不可以忽略

20 世纪 70 年代以来，广东清远一共溃堤 13 条，塌坝 9 座，其中有 9 条堤围和 5 座大坝都是白蚁危害的结果。

1986 年 7 月，广东梅州发生了特大水灾，梅江决堤 62 条，其中白蚁造成的缺口有 55 条；2003 年夏天，长江遭遇了洪灾，荆州大堤公安县南平镇堤段出现管涌，大堤危在旦夕。

几位水利老专家经过考察后，断定是白蚁所致，并带领群众采取有效措施，经过几个小时的奋战，才顺利排除险情。

白蚁筑巢的地方通常都很隐蔽，即使河堤损害已经非常严重，从外表上也是很难看出来的。只有经过科学地、细致地观察，才能够防患于未然。白蚁看似不起眼，却能把坚固的大堤毁于一旦，可见越是细节的地方，越不能忽视。有时，也许就是那1%的错误，导致了100%的失败，或是带来了100%的灾难。

为了争夺英国的统治权，理查三世和亨利准备决一死战。

战斗开始前，理查三世吩咐马夫备好自己最喜欢的战马。马夫对铁匠说："快给它钉掌吧！国王要骑着它去打头阵！"铁匠不慌不忙地说："您得等一等，前几天给所有的战马都钉了掌，铁片用完了。"马夫很着急，说："不行，等不及了。"

铁匠摇摇头，继续埋头干活。他从一根铁条上摘下了四个马掌，依次把它们砸平、整形，固定在马蹄上，然后开始钉钉子。钉到第四个掌时，铁匠发现没有钉子了，于是他对马夫说："我需要点儿时间再做两个钉子。"然而，马夫却不耐烦地说："我已经告诉过你，我等不及了。"

"那我必须提醒你，如果你不等的话，我现在把马掌钉上，它不能像其他几个那么牢固。"

"那能挂住吗？"马夫又问。

"应该能，"铁匠说，"但我没有把握。"

"那好，就这样吧。"马夫喊道，"快点，不然国王会怪罪的。"

理查国王骑着马冲锋陷阵，激励士兵迎战敌人。突然，一只马掌掉了，战马跌倒了，理查国王被掀翻在地。受惊的马跳起来向远处逃去，理查国王的士兵也纷纷转身撤退，这时亨利的军队迅速包围上来。理查国王愤怒至极，在空中挥舞着宝剑，大声地吼道："马！一匹马！我的国家倾覆就是因为一匹马！"

自那以后，民间开始传唱一首歌谣："少一个铁钉，丢一只马掌；少一只马掌，丢一匹战马；少一匹战马，输一场战役；输一场战役，失一个国家。"

试想，平日里谁会把一枚铁钉跟一个国家联系在一起？这看起来根本是风马牛不相及的事！可置身于现实中，一枚铁钉的松动，最终却导致了一个国家的败亡，这就是忽略细节的结果。然而，多年之后，这样的悲剧并未彻底远离我们。

2003年2月1日，美国"哥伦比亚"号航天飞机升空后发生爆炸，7名宇航员全部遇难。这场灾难性的事件不仅让美国的航天事业遭到重创，也延缓了人类探索宇宙的步伐。

这一惨剧究竟是如何发生的呢？事后，调查结果显示：造成这一灾难的凶手，竟然是一块脱落的泡沫！对，你没有看错，就是一块轻得不能再轻的泡沫！

原本，"哥伦比亚"号表面覆盖着2万余块隔热瓦，能够抵御3000摄氏度的高温，这是科学家们为了避免航天飞机返回大气层时外壳被高温熔化专门设计的。"哥伦比亚"号升空后，一块从燃料箱上脱落的碎片击中了飞机左翼前部的隔热系统，而宇航局的高速照相机精准地记录了全过程。

按照常理来说，美国航天飞机的整体性能和很多技术标准都是堪称一流的，可谁能想到，就是这一小块脱落的泡沫竟然轻易地就把航天飞机摧毁了！事故调查小组称，其实"哥伦比亚"号在飞行期间，工程师已经知道飞机左翼在起飞过程中曾经受到泡沫材料的撞击，可能会产生严重的后果，且当时有补救的办法，可这些安全细节并没有引起有关人员的重视，他们觉得"没关系""不要紧"，心存侥幸。然后，"哥伦比亚"号就带着问题上天了，最终机毁人亡，成为美国航天史上永远抹不去的阴影。

对于错误和隐患，无论它有多小，都不能听之任之，心存侥幸。很多时候，往往都是那 1% 的错误导致了 100% 的失败。你忽视细节，细节就会变成魔鬼，唯有养成想事想周全、做事做细致的习惯，才能让事情朝着好的方向发展。

04. 勤奋不在于形式，而在于效率

毕业于名校的女孩郄薇，与专科生艾娜同时被某公司招录为实习生。经理说得很清楚，待三个月实习期满后，只能留一个人在公司。显然，从一开始，两人之间就存在着竞争。

上班第一天，郄薇表现得很积极，第一个到公司，还买了两盒蛋挞分给老同事。邻座的同事跟她说："好好干，大家都很看好你。"郄薇很满意，至少拉近了和同事之间的距离，消除了他们对新人的排斥感。

经理提前十分钟到公司，此时艾娜的工位还是空空的，郄薇心里不免有些暗喜。当经理路过郄薇的工位时，她起身问候，经理夸她来得早。这个时候，艾娜才刚刚走进办公室打卡，经理看了她一眼，什么也没说。郄薇心里觉得，在印象方面自己应该是占据了上风。

随后，经理将郄薇和艾娜叫进办公室，简单地介绍了公司的情况，以及各自的职责。郄薇拿出纸笔，把经理说的话全都记下来。旁边的艾娜只是站在那里听，郄薇想："猜也猜得到，肯定是给我们安排任务，竟然什么都不拿……"经理说完后，郄薇又提出一些问题，其实她不是不明白，只是想让经理觉得自己在认真地听，能提出一些合理的问题。

郄薇和艾娜的职务是营销助理，协助销售部门制定计划和客户跟进。她们有各自不同的客户群，主要是靠打电话完成。客户的意见是衡量她们工作质量的首要标准，而在这一点上，郄薇和艾娜是旗鼓相当的。为了表

现自己，郯薇在三个月的实习期内，每天早来晚走，永远都是等经理下班了她才离开。这么做的目的很明确，就是想让上司看到自己的勤奋。

某个周五，经理一直到七点钟还没下班，郯薇主动去买了一份快餐，敲开经理室的门。经理感激地说："谢谢。这么晚了，你怎么还没走？"郯薇说："我还有点事情，忙完了就走了。"经理点点头，说："好，那你去忙吧！要注意身体。"

听到这席话，郯薇高兴坏了，因为这次她不仅让经理看到自己的努力，在情感上也赢了一分。在她积极表现的时候，艾娜就是按部就班地做事，除了完成本职工作外，并没有其他表现，有时一整天都看不到她的影子。郯薇心想：只要在工作上不输给她，留下的那个人肯定是自己。

三个月的实习期很快过去了，最后的结果却在郯薇意料之外，她出局了。心存委屈和疑惑的她，找到经理询问原因，经理解释说："虽然你对工作很热情，对同事也很友好，但我和其他主管都认为，在工作效能方面，你可能还需要再精进一些。"

郯薇更不明白了，说道："但我和艾娜的业绩是一样的呀？"

"是，问题就在这里。艾娜只用了正常工作的八小时，就完成了你早来晚走才完成的工作量，这不能说明问题吗？同样是介绍工作情况，艾娜只需要听就记住了，你每次都记下来，还要反复问几遍，这是否也意味着增加了沟通的成本？公司需要员工踏实肯干，更要会干。这段时间，艾娜用工作以外的时间，一直在学习有关物流的知识，很快就要参加考试，这样的话她也可借调到物流部，属于多用型人才……这就是公司选择艾娜的原因。"

一向能说会道的郯薇，听完经理的话愣住了，不知该如何应答。现实告诉她，她败在了自以为是、自作聪明上，总想着用形式化的勤奋去展示自己的优秀，却忘了企业鉴定员工是否合格的标准，是能否高质高效地完成任务。

郄薇的受挫，映射出了不少人的一种错误认知：只要人在办公室就是在工作，只要在工作就是勤奋上进，只要这样做就一定会得到赏识。

其实不然，一个人是否积极上进，考核的标准至少有三点：工作态度、工作效率、总工作量。在同样的环境下，你对工作要比别人更热情、更主动；做同样一件事，你的完成速度和工作质量要优于其他人；在同样的时间里，你所做的事要比别人多。

勤奋不在于形式，而在于效率

加班了，未必就是勤奋，有可能是白天不积极、晚上开夜车；早来了，未必就在工作，可能是在上网聊天、刷视频，或者是做给老板看。这样的勤奋，只是形式上的勤奋，并没有从实质上得到任何的提升，比如让自己变得更优秀、让工作变得更出色。

如果你的勤奋并没有给你带来预期的结果，你需要思考几个问题：

- 我在工作中浪费时间了吗？
- 我认真地去做每一件事了吗？
- 同样的工作，其他同事能在上班时间完成吗？

如果别人只用 1 小时就完成的事，你却要用 3 小时，那说明你不是真正的勤奋，而是效率低。在这种情况下，你该反思究竟是自己能力有问题，还是工作方式不对？

能力不足的话，要考虑通过学习去提升，或是调换岗位；工作方式不对，要善于观察，看比自己优秀的同事如何统筹计划、节省时间的，有效地掌握一些技巧。

星期六 实干决定前途——与其坐而论道，不如起而行之 | 155

或许，解放了自己，
才能解放事物和它们之间的联系

如果你比其他同事在相同的时间里完成了更多的工作，还能主动多分担一些，那说明你是一个真正勤奋的员工。任何组织都喜欢这样的人才，你要继续保持这种状态。当然，在勤奋之余也要注意劳逸结合，当一切事务都已出色完成，不必强留在办公室里加班。

05. 用正确的方法，做正确的事情

森林管理员走进一片丛林，认真地清理灌木丛。

费尽千辛万苦，他终于清除完了这片灌木丛，刚直起身来准备享受一下辛苦劳作后的乐趣，却忽然发现：旁边还有一片丛林，而那才是真正需要他去清除的任务。

大量研究表明，在工作中，人们总是依据各种准则决定事情的优先次序。有一项关于"人们习惯按照怎样的优先次序做事"的调研，其结果大致如下：

- 先做有趣的事，再做枯燥的事。
- 先做熟悉的事，再做不熟悉的事。
- 先做容易做的事，再做难做的事。
- 先做别人的事，再做自己的事。
- 先做喜欢做的事，再做不喜欢做的事。
- 先做已发生的事，再做未发生的事。
- 先做紧迫的事，再做不紧迫的事。
- 先做经过筹划的事，再做未经筹划的事。

- 先做已排定时间的事，再做未经排定时间的事。
- 先处理资料齐全的事，再处理资料不齐全的事。
- 先做只需花费少量时间即可做好的事，再做需要花费大量时间才能做好的事。
- 先做易于完成的事或易于告一段落的事，再做难以完成的事或难以告一段落的事。
- 先做自己所尊敬的人或与自己有密切利害关系的人所拜托的事，再做自己所不尊敬的人或与自己没有密切利害关系的人所拜托的事。

上述的这些准则，只是多数人的思维习惯，但均不符合高效工作方法的要求。

先着眼于效能，再去提高效率

管理大师彼得·德鲁克说："效率是以正确的方式做事，而效能则是做正确的事。效率和效能不应偏颇，但这并不意味着效率和效能具有同样的重要性。我们当然希望同时提高效率和效能，但在效率和效能无法兼得时，应先着眼于效能，然后再设法提高效率。"

在德鲁克的这段话中，效率 VS 效能，正确地做事 VS 做正确的事，是两组并列的概念。日常工作中，我们关注的重点通常是"效率——正确地做事"，就像森林管理员一样，用最快的速度清除灌木丛；实际上，比效率更重要的问题是"效能——做正确的事"，保证自己所做的事情是对的，是有意义的。

做正确的事情，往往能为我们的工作提供一种思路和方向，接下来，我们只需按照这个方向或目标去做事就行了。此时，我们是在一个相对稳定的方向上努力着。

然而，把事情做对，仅仅是工作的过程，虽然也强调了效率，可如果不能把效率用在正确的方向上，所谓的效率就只会造成更严重的伤害。

正确地做事，无疑能让我们更快地朝着目标前进；如果做的不是正确的事，那么所有的努力都变得毫无意义。很多时候，选择比努力更重要。选择是方向的问题，选择错了，方向就错了，努力就成了白费。

怎样确保做正确的事？

◆ 站在全局的高度思考问题

当多种问题同时存在时，要站在全局的高度思考问题，避免短视。有些问题之间是有关联的，有些问题之间则不存在关联。对于有关联的问题，要作为一个整体去研究解决策略；对于不存在相关性的问题，要进行识别分类，以此提升解决问题的效率。

◆ 行动之前，确认是在解决根本问题

工作是一个处理和解决问题的过程，有时问题和解决办法就摆在眼前，但有时却需要层层剥茧，找出根源问题。所以，在行动之前，你必须确认自己正在解决的问题是不是根本问题？切记要忙在点子上，解决最重要的、最根本的问题。

◆ 懂得说"不"，专注自身的工作

高效能人士懂得说"不"，任何干扰他们专注力的人和事，都被统统抛在工作之外。我们也要培养这样的能力，不要让额外的要求扰乱自己的工作进度。当犹豫要不要答应对方的要求时，先问问自己：我想做什么？不想做什么？什么对我来说才是最重要的？如果答应了对方的要求，是否会影响进度？这样做的结果是否会影响他人？就算答应了，能否真的达到对方的期望？想通了这些问题后，就不难做决定了。

养成只做正确之事的习惯，时刻专注于有效的工作，你的工作效能将会得到大幅的提升。唯有时刻忙在点子上，才不会浪费时间，才不会让付出变成一场徒劳。

06. 知道什么事情对自己而言最重要

谢丹是一家公司的总裁助理，每日事务繁多，但她处理得井井有条，是总裁得力的帮手，薪水连涨。细心的她发现，公司里有一些员工在执行任务时速度慢、效率低：明明周一就要递交的重要文件，总得催上两三次，才能送到总经办。问及原因，就是一句"事情太多""忙忘了"。在谢丹看来，其实就是做事不分主次，不知轻重缓急。

观察了几个星期后，谢丹还发现，有些员工在工作时间并不是很用心，而是在聊天、刷网页，甚至偷偷玩游戏……临近下班才开始焦头烂额地忙活，有时要熬到夜里九十点钟才回家。到了第二天，又循环往复地继续前一日的模式。

平心而论，那些低效能的员工，本身承担的工作任务并不繁重，可他们却总在加班，显得比总裁都累。有一次下班前，她看到某位同事又在赶进度，就善意地"提醒"了一句："又要加班呀？我有个提升效率的办法，不知道你愿不愿意试试？"一听说能摆脱加班的烦恼，同事自然想"取取经"。

谢丹说："前一天下班时，把自己第二天要做的事写下来，再用四象限法则合理地按顺序标注……"同事听得有点懵，这是什么意思？为了给同事解释清楚，谢丹说："稍后我给你发一个PPT，专门介绍四象限法则的，你看了就明白了！"

效率低下的人，做事往往过于"随性"，胡子眉毛一把抓。结果，一不小心就把重要的事情延误了。殊不知，做事有先有后、循序渐进，才是保持高效的根基。如果不分轻重缓急，就会陷入到瞎忙的状态，既狼狈又疲惫。

四象限法则

四象限法则是管理学家科维提出的一个时间管理理论：把工作按照"重要"和"紧急"两个维度划分为四个象限：重要又紧急、重要但不紧急、紧急但不重要、不紧急也不重要。

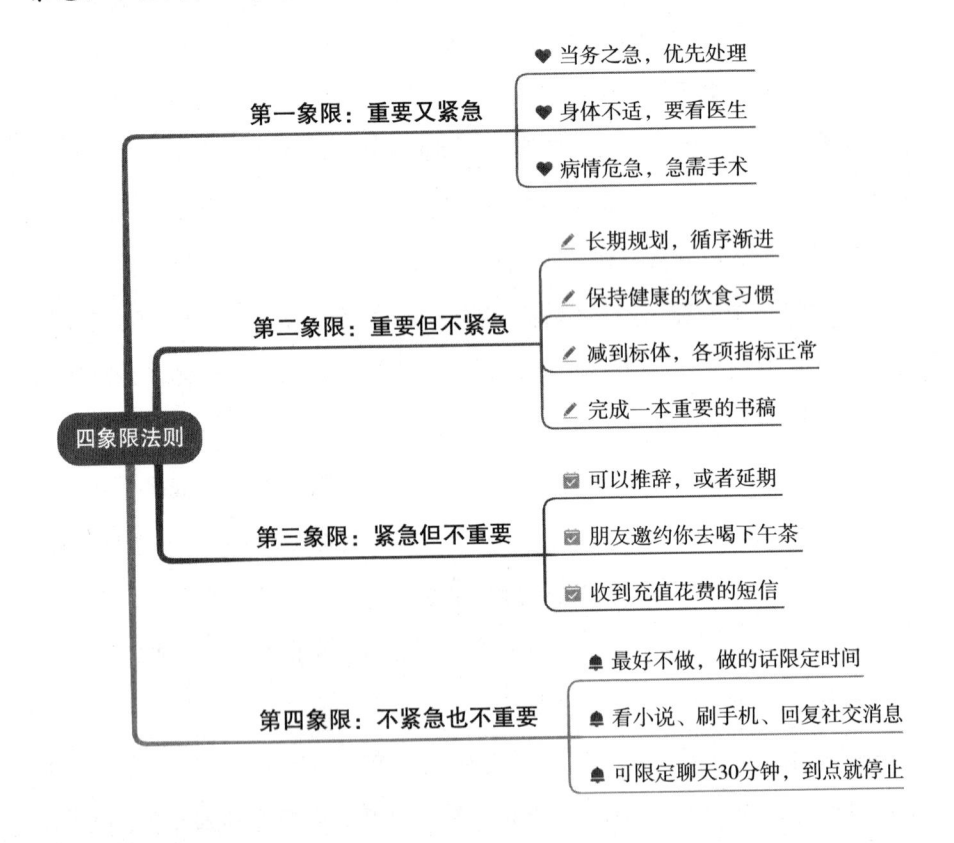

四象限法则

第一象限：重要又紧急
- ♥ 当务之急，优先处理
- ♥ 身体不适，要看医生
- ♥ 病情危急，急需手术

第二象限：重要但不紧急
- ✎ 长期规划，循序渐进
- ✎ 保持健康的饮食习惯
- ✎ 减到标体，各项指标正常
- ✎ 完成一本重要的书稿

第三象限：紧急但不重要
- ☑ 可以推辞，或者延期
- ☑ 朋友邀约你去喝下午茶
- ☑ 收到充值花费的短信

第四象限：不紧急也不重要
- ♤ 最好不做，做的话限定时间
- ♤ 看小说、刷手机、回复社交消息
- ♤ 可限定聊天30分钟，到点就停止

◆**第一象限：重要又紧急的事**

这类事情是最重要的事，当务之急要解决的，需要优先处理。

对于医生来说，给病人做手术、进行医学治疗是刻不容缓的事，绝不能拖延；对于律师来说，准备好充足的材料，及时走上法庭为自己的当事人辩护，也是最重要的事情；对于外卖员来说，按时把餐食送到顾客手中，同样是最重要的事情。所以，重要且紧急的事情，应当立即去做。

◆**第二象限：重要但不紧急的事**

运动、健康饮食、学习舞蹈、研读某本专业书籍、经营一段关系……这些事情不是迫切的、当下必须完成的，却对我们的人生有长远的影响，需要制定长期计划，循序渐进地完成。这类事情就属于"重要但不紧急的事"，可以放在次要位置，按部就班地去执行。

◆**第三象限：紧急但不重要的事**

突然收到的朋友的邀约，接到充值话费的短信，或是快递员提醒你取快递……这些事情在生活中很常见，都属于"紧急但不重要"的范畴。由于其紧急性，常常给我们制造错觉，认为"这件事情很重要"。事实上，这类事情大多是可以推辞或在一定程度上往后推迟的，在时间充裕的时候处理，以避免打乱我们原本的计划。

◆**第四象限：不紧急也不重要的事**

从字面意思可知，这些事既不紧急也不重要，不值得去做。可现实的情况恰恰相反，许多人都被这类事情纠缠着，看无聊的小说、刷微博、看短视频、工作过程中回复社交消息，宝贵的时间白白被消耗。我们的时间和精力很有限，这些事能不做就不做，如果非要做，就给自己限定时间，如聊天半小时、看小说20页，时间一到立刻停止。

你可能也发现了，四象限法则是以"价值"为基础对事情进行划分的。

我们做任何事情都脱离不了其价值意义，虚度年华、浪费时光，不是智者的选择。

需要注意的是："重要但不紧急的事"（第二象限，如运动、健康饮食、写一本书）往往是最耗费时间和精力的，也是一个长期的计划，如果不能循序渐进地去执行，最后就会将其变成"重要又紧急的事"（第一象限），可因为难度大、内容多，很难在短期内完成，就会导致拖延，甚至引发严重的后果（产生慢性病、无法如期截稿等）。

现在，请你试着把要做的事情分别填入四个象限，厘清一下应该先做什么，后做什么。同时，知晓哪些事情需要循序渐进地做，不能一日拖一日。唯有心中有数，忙而有序，才能让生活远离狼狈，实现一个个预期的目标。

07. 不虚度零碎时间，哪怕只有 5 分钟

何峰在公司负责展会招商，前些天他向朋友诉苦："一直都想给自己充电，业余时间学点东西，可现在三天两头地出差，真是身不由己。"

说完这番话，何峰看看朋友，反问道："我想知道，像你这样身兼数职——既要做咨询，又要参加培训，还要写书的人，都是从哪儿'偷'来的时间？"

朋友问何峰："你经常出差，在火车站、飞机场逗留的时间很多，且路上至少也要花费三五个小时。这些时间，你都是怎么度过的？"

何峰说："能做什么呢，没有一个好的环境！无非就是看看电影、刷刷微博、玩会儿游戏，不然多无聊！有时，出门比较早，路上就困了，闭目

养神。"

"嗯,路上休息没问题,养精蓄锐也是为了到目的地后更好地工作。只是,不太困倦的时候,你应该思考一下,怎么利用这些时间去做那些平时想做又没空做的事。"

有人算过这样一笔账:假设我们每天早上赖床的时间为 10 分钟,上厕所的时间为 5 分钟,排队买饭、等车的时间共计 30 分钟,再加上其他零碎时间约为 40 分钟,加起来一天就有 1 小时 25 分钟,一年就是 517 个小时,相当于整整 21 天的时间。

诺贝尔奖获得者雷曼说:"每天不浪费或不虚度剩余的那一点时间,即使只有五六分钟,如果利用起来,也可以成就大事。"21 天,足以养成一个习惯;21 天,足以培养一段恋情;21 天,足以适应全新的工作……21 天,充满着无限的可能。看似不起眼的零碎时间,积累起来的力量是惊人的。

澳大利亚生物学家亚蒂斯成功地发现了第三种血细胞,同时也赋予了闲散时间以生命的神奇。他非常珍惜自己的时间,还特意给自己制定了一个制度:睡前必须阅读 15 分钟的书。无论忙到多晚,哪怕是凌晨两三点钟,进入卧室后也要读 15 分钟的书才肯睡觉。他坚持了整整半个世纪之久,共读了 1098 本书、8235 万字,医学专家由此也成为文学研究家。

让零碎时间发挥价值

不少职场人总是希冀着有整块的时间去做想做的事,所以他们经常会用一句话搪塞别人、欺骗自己:"没有那么多时间啊!"是真的没有时间吗?对照下面的这些"零碎时间",回顾一下你用它们做了什么?然后再思考一下,今后你打算用它们做什么?

◆ 过渡时间：整理下一项任务的工作思路

在结束一项任务后，开始下一项工作前，通常都会有一段过渡时间。多数人会利用这段时间喝杯咖啡或热茶放松一下，这无可厚非。只是，在享用过渡时间的同时，我们也可以顺便思考下一项待办任务的要点，整理下一步的工作思路，为执行做准备。

◆ 通勤时间：依照实际情况安排恰当的内容

每天上下班路上的时间，少则一小时，多则两三个小时，虚度着实可惜。如何利用这段时间，要根据自身的实际情况而定：如果你是经理助理，不妨利用路上的时间为自己的工作安排和领导的任务做一个简单的整理；如果你是策划编辑，可以利用这段时间构思新选题；如果你是业务员，可以利用这段时间收发客户的邮件。

充分利用上下班路上的时间，可以在一定程度上减少拖延的发生。通勤的路程比较枯燥，环境嘈杂，很容易让人产生消极的意识。如果能借助这段时间开动脑筋，让思维活跃起来，到公司后就能够快速地进入工作状态，而不是坐在工位上等自己"回神"。

不要小瞧零碎时间，现代管理大师卡耐基说："零星的时间，如果能敏捷地加以利用，就可以成为完整的时间。"生命是时间累积而成的，零碎时间也是生命的一部分，积少成多，才能让生命变得丰富而充实。

08. 持续行动，养成积极主动的习惯

一位年轻工人走进主管办公室，带着质问的语气说："请您给我一个解

释……"

他入职已经三年多了，工资只涨了一千元，职位却原地不动。同时期来的三个同事，都已被提升为小组长，这让他很是不甘。这一次，冒着被解雇的危险，他找主管理论。

"我有迟到早退、乱章违纪的现象吗？"

"没有。"主管回答得很干脆。

"是车间对我有什么偏见吗？"

"当然不是。"主管对这个问题感到惊讶，但还是如实告知。

"为什么比我资历浅的人都可以当组长，我却一直被视为隐形人？"

主管一时间不知道该怎么解释，就笑着说："你的事情我们待会儿再谈，我现在有点儿急事要处理。要不然，你来帮我处理一下？"主管接着说："是这样的，有一位客户要来车间考察生产状况，你联系一下他们，问问什么时候过来。这样我们也能有所准备。"

"这还真是一项重要的任务。"走出主管的办公室之前，他还不忘调侃一句。

二十分钟后，他回到主管办公室。

"联系到了吗？"主管问。

"嗯，联系到了，他们说可能下周过来。"

"下周几过来？"主管问。

"这个我没问。"

"他们一行几个人？坐火车还是飞机？"

"啊！您没让我问这个呀！"

主管什么也没说，打电话叫小周过来。这个小周是当初和他一组的工人，现在是主管助理。小周接到了和他刚才一样的任务。十几分钟后，小周开始向老板汇报情况。

"是这样的，他们乘坐下周五下午三点的飞机，大约晚上六点钟到，一行五人,由采购部王经理带队。我跟他们说了,工厂会派人到机场接机。这次他们计划考察两天的时间,具体行程等到了以后再协商。为了方便工作,我建议把他们安排在附近的国际酒店,如果您同意,房间我稍后预定一下。另外,下周天气预报有雨,我会随时和他们保持联系,一旦有变动,我随时向您汇报。"

待小周出去后,主管看着他,说:"现在,我们来谈谈你提出的问题。"

"不用了,我已经知道原因了,打扰您了。"

之前所有的委屈和不甘心,在那一刻都变成了愧疚。一直以来,他都是自诩工作认真、兢兢业业,却忘了很多事情的评判标准不是"有苦即功高",而是看谁能在最短的时间内更出色地解决问题。在主管刚刚安排的那件事情上,他显然不如小周,他所做的不过是主管交代的那点事,而小周却把主管没交代也需要做的事情一并解决了。换作自己是主管,也会选择让小周给自己当助理。

几十年前,企业最受青睐的是那些有专业知识、能埋头苦干的人。斗转星移,现代企业对于人才的定义已经发生了很大的变化,多数人的工作都不再是机械的、重复的劳动,而是需要独立思考、自主决策的复杂工作。正因为此,企业对人才的期望也提出了新的标准,它所渴望的是那些积极主动、充满热情、灵活自信的人,只有这样的人才更善于发现问题、解决问题,永远走在别人前面。

商业社会竞争激烈,甚至残酷。你不积极主动,就会屈居人后,在这条跑道上,谁跑得更稳、更快,谁就是赢家。在相同的条件下,快一步海阔天空,慢一步万劫不复。作为员工也是一样,必须时刻保持一种主动意识,以更快的速度去解决问题,才能脱颖而出。

张然是一家保险公司的业务员,当初迈进这个行业的时候,家里人纷纷反对,觉得卖保险很难做出大成绩,而张然却坚定了自己的选择,发誓要用实际行动来证明自己。

当时，一般的保险业务员一天最多访问20到30个客户，而张然最多的时候，每天拜访过50位客户。他每天很早就起床，六点多就到公司，开始做一天的工作计划，找到最佳的拜访路线。差不多七点左右，他就开始出门拜访客户了。

张然通常在八点钟之前就会来到负责区域，展开例行的访问活动，而此时其他同事才刚起床。每天拜访客户后，他会回到办公室整理当天的工作情况，反思自己哪里做得不好，一直到晚上十点钟才回家。

作为一个新人，在月底结算的时候，他的业绩居然排在前几名，甚至超出了一些老员工，这让主管对他刮目相看。私底下，主管问他是不是有什么"绝招"或隐形资源优势，张然告诉主管，自己就是做事的时候比别人快一点。别人还在睡觉的时候，他已经来到公司做计划了；别人做计划的时候，他已经开始拜访客户了；别人第一次敲开客户的门时，他已经回访过一次了。

就是靠着这种快人一步的积极主动的工作方式，张然很快就在保险业里站稳了脚跟，并成为公司的骨干。两年之后，他就成了大区主管，公司里的同事给他起了一个绰号，叫"销售之神"。

都说保险行业难做，可没有专业知识、销售经验和隐形资源的张然，依然在这个领域做出了不俗的业绩。在有心人面前，是不存在难事的，他总会想办法去克服困难战胜不足，完成预期的目标。现实中很多人都是等着别人给自己安排任务，到点来到点走，虽也憧憬成功的荣耀，却不肯改变自己的工作模式，机会是不可能垂青这种人的。

任何人想在职场打拼出一片天地，都得养成积极主动去做事的习惯，而不是靠空想和坐等。生命是有限的，机遇也是有保鲜期的，如果你不珍惜时间，对工作不够积极，原本等待你的那个机会就可能被其他人捷足先登了。

星 期 日

保持成长型心态

——坦然面对不完美，积极地作出改变

01. 突破心中的束缚，看见成长的自己

新泽西州市郊有一座古老的小镇，镇上一所学校里有一个特殊的班级，班级里的 26 个学生都有过不光彩的历史，他们中间有人曾吸毒、进过管教所，还有一个女孩在一年里堕过三次胎。家长们对这些叛逆的孩子毫无办法，老师和学校几乎对他们也失去了信心。

新学期开始的时候，一个叫菲娜的女老师担任了这个班的辅导老师。开头的第一天，菲娜没有像以前的那些老师一样，训斥班里的孩子，或是用命令式的语气告诉他们该怎么做。她给孩子们提出了一个奇怪的问题——

现在有三位候选人，如果我告诉你们，他们其中的一位会成为名垂青史的伟人，你认为谁的可能性最大？然后，再猜想一下，这三个人未来的命运会如何？

这三位候选人的情况分别如下：

• 第一位候选人：迷信巫医，嗜酒如命，有多年的吸烟史，有两个情妇。

• 第二位候选人：曾经两次被人从办公室里赶出来，每天要到吃午饭的时候才起床，每天晚上喝掉将近一千克的白兰地，曾经吸食过鸦片。

• 第三位候选人：获得过国家授予的"战斗英雄"的称号，有艺术天赋，平时喜欢吃素，偶尔喝一点酒，青年时代没有做过任何违法的事。

对于谁会成为伟人这个问题，孩子们一致选择第三个人。至于第二个问题，虽然答案不尽相同，但对于前两者而言，结局归纳起来无非是：成

为令人唾弃的罪犯，或是无法自食其力的寄生虫。至于第三个人，他道德高尚，肯定能有一番作为。

菲娜耐心地听完孩子们的说法后，给出了一个让所有孩子都感到意外的答案："你们的结论，符合一般的判断，可惜，你们都想错了！这三个人大家都不陌生——那个迷信巫医的人，是富兰克林·罗斯福，他连任四届美国总统；那个喜欢睡懒觉、嗜酒如命的人，是温斯顿·丘吉尔，他是拯救了英国的著名首相；至于那个道德高尚且被多数人认为肯定会有一番作为的人，是阿道夫·希特勒……"这个结果听得孩子们目瞪口呆，简直不敢相信自己的耳朵。

菲娜继续说："每个人的身份和生活状态都不是固定的，现在的你如此，将来的你未必也是如此。你们的人生才刚刚迈出第一步，过去的错误只代表过去，真正代表人一生的是现在以及将来的所作所为。这个世上没有完人，伟人也一样会犯错……"

菲娜的这番话，彻底改变了 26 个孩子一生的命运。多年过去，那些孩子都已经长大成人，有的做了心理医生，有的做了法官，还有的成为飞行员，而当年那个最不被人看好的、调皮捣乱的罗伯森·哈里森，成为华尔街最年轻的基金经理。提及那一堂课，他们中的许多人都说："本以为自己无药可救了，几乎所有人都这样看我们，可那个故事让我们知道，所有发生的只代表过去。"

僵固式思维 VS 成长式思维

卡罗尔·德韦克在《看见成长的自己》里提到过，人有两种思维模式：
◆ **僵固式思维**

这种思维模式的人，总是想让自己看起来很聪明、很优秀，实则很畏惧挑战，遇到挫折就会放弃，看不到负面意见中有益的部分，别人的成功也会让他们感觉受到了威胁。他们一生可能都停留在平滑的直线上，完全没有发挥自己的潜能，这也构成了他们对世界的确定性看法。

◆ **成长式思维**

这种思维模式的人，希望不断学习，勇于接受挑战，在挫折面前不断奋斗，会在批评中进步，在别人的成功中汲取经验，并获得激励。这样的人，他们不断掌握人生的成功，充分感受到了自由意志的伟大力量。

仔细琢磨，两种思维最大的区别在于，成长式思维的底层是安全感。这种安全感不是因为"我是一个什么样的人"，而是因为"我有很多可能性"。具备这种安全感的人，无须保护某种特定的自我观念，他们突破了自我中心的束缚，从成长和发展的角度看问题。

三月初，自媒体作者阿雯，应某电台一位情感主播的邀请，为其组建的社群做了一次线上的课程分享，题目是——走出失恋，重拾自我。

在此之前，阿雯并没有做课程分享的经验。有朋友曾经找到她，为平台做写作课程的分享，她因为不自信，委婉地推掉了。这一次，电台情感主播的热情与信任，点燃了阿雯内心想要挑战自我的火苗。可是，决定去做这件事，不代表潜意识里的恐惧和怀疑就不存在了，阿雯本能地把这件事往后拖。直到情感主播在五月初提醒阿雯：能否在5月15日做这期活动？

阿雯还想往后拖，但情感主播告诉她，时间不够了。眼看最后期限就要来了，阿雯没有任何思绪，内心的焦虑不断叠加。5月12日，阿雯正式开始整理课程的内容，梳理思路和讲稿……一整天忙下来，略有点头晕。

之后的两天，阿雯专注地忙活课程分享的事情。到了5月15日那天，所有的东西都已经准备好，只差语音练习。随后，她就开始对着微信练习，说得也越来越自然。

5月15日如约而至，让阿雯没有想到的是，她之前的焦虑感竟然全没了。上午的时间，她还写了篇文章，到了午后才开始看讲稿，然后按部就班地吃晚饭，等待活动的开始。

晚上8点钟，情感主播邀请阿雯入群，简单地介绍了一下，就把时间交给了阿雯。开始前的1分钟，阿雯心里还有点忐忑，但很快就平息了。之后的分享，她没有任何的紧张，很流畅地就把自己想表达的东西，都传递了出去。

课程结束后，阿雯也跟社群里的伙伴们做了一些互动，都很顺利。大家很友好，也很热情，纷纷表示感谢。之后，群里还有人给情感主播发了一封信，大概说了自己在聆听那次分享之后的一些想法和变化。

对阿雯来说，这是一份莫大的鼓舞。她告诉情感主播，没想到会这么顺利，也没想到自己竟真的完成了这次合作。过去她一直都把自己看得很低，认为自己做不到，也害怕失败，所以之前有很多机会都故意放开。

阿雯说："现在回想起来，那时候的我很在意别人的看法，十分敏感，时常陷入一种防御的状态中，担心自己做不好某件事，不被别人尊重和接纳，害怕别人看到自己真实的一面。然后，就总想展示稳定的、有把握的部分，畏惧挑战、失败，以及批评。可是，这一次的体验，让我改观了，很多东西是可以去尝试的，也是需要去学习的。"

之前不敢应邀开设各种线上课程的阿雯，就是陷入了僵固式思维的枷锁中。她只是想到了维系一个理想化自我的形象，害怕被人看到真实的、不够好的自己，完全忽略了自己也有成长和进步的可能。经历了一番自我挣扎后，阿雯迈出了尝试的第一步，而在那件事之后，她变得有勇气多了，因为她开始逐渐朝着成长式思维的方向走了。

未来的路，还会有诸多挑战，会遇到挫折，会被人质疑，希望你也能够换一种视角去看待它们。不要把自己看成一个固定的容器，认为只能容纳"那么多"的东西；要把自己看成流动的河，会有急湍，会有平缓，不用单一的某段河流来评判自己；也可以把自己看成一棵树，在土壤里深深地扎根，把枝叶伸向更广阔的天空，还可以和周围的一切成为朋友，相互滋养，相互致意，既独立又相依，携手去完善各自的美好。

02. 不完美不代表失败，成为最优主义者

英国作家琼恩在她的演讲中，是这样看待"失败"的——

"失败只是意味着剥去了生活中无关紧要的东西……现在，我终于自由了，因为我最大的坎坷已成为过去，而我依然健康地活着，这就是上天对我最大的恩赐。曾经横亘在我生命旅程中的那些障碍为我重建了生命的扎实根基……失败并不是完全意味着不幸，它给我带来了内在的安全感。失败让我认识了自己隐藏的、未知的那一部分，而这些是无法从其他事情中学到的。

"通过这些失败的激励，我培养了强大的意志力，具备了比我想象的更强的自律性，我觉得自己曾经经历过的那些坎坷比红宝石还珍贵……当你认识到挫折可以使你变得更强大、更加充满智慧的时候，你才真正具有了生存能力和面对压力的生命张力。只有你本人经历了失败的考验，你才能真正认识自己，也就能够更加坦然地享受未来的成功。"

消极的完美主义

同样是"失败"，为什么人与人的看法有如此大的差异呢？

关键就在于思维方式不同。心理学家从能否从容地接受失败的角度，

把人的心理划分为两种：一种是"消极的完美主义"，另一种是"最优主义"。

关于"消极的完美主义"，百度百科上的解释是这样的："在心理学上，具有消极完美主义模式的人存在比较严重的不完美焦虑。他们做事犹豫不决，过度谨慎，害怕出错，过分在意细节和讲求计划性。为了避免失败，他们将目标和标准订的远远高出自己的实际能力。"

消极的完美主义，最突出的特点不是追求完美，而是害怕不完美。美国影响力女性之一，《脆弱的力量》一书的作者布琳·布朗认为，消极的完美主义并不是对完美的合理追求，它更多地像是一种思维方式："如果我有个完美的外表，工作不出任何差池，生活完美无瑕，那么我就能避免所有的羞愧感、指责和来自他人的指指点点。"

回想一下：你是否经常会为了一些事没有做好，或是没能达到预期的理想效果，而陷入懊恼和烦躁的情绪中？你是否很讨厌失败，总想极力地避免这件事的发生，可无论怎么努力，似乎总是事与愿违？你极力地追求生命的完美，不允许生命出现任何的瑕疵，可生活中的那些障碍总是频频冒出，让你产生极大的挫败感？

如果这些问题的答案都是肯定的，那你很有可能是一个消极的完美主义者。这个世界本就不存在绝对的完美，任何事物都会有瑕疵，这也意味着，你的理想和现实会不断地发生冲突，而你也会长期遭受挫败感带来的情绪困扰。

消极的完美主义给人带来的直接影响是什么？

1. 很难着手去做一件事，喜欢拖延，一想到可能遭遇失败，就会选择放弃。

2. 容错率特别低，任何事情稍有瑕疵，就全盘否定，陷入沮丧和自我怀疑中。

3. 反感他人的批判与挑剔，一听到反对意见，情绪就会产生波动。

你应该可以想象得到，陷入这样的状态，会产生多么严重的精神内耗。恰如伏尔泰所说："完美是优秀的敌人。追求卓越没有错，但是苛求完美就会带来麻烦，消耗精力，浪费时间。"

最优主义

弗洛姆在《自我的追寻》中说："如果一个人感到他自身的价值，主要不是由他所具有的人之特性所构成，而是由一个条件不断变化的竞争市场所决定，那么，他的自尊心必然是靠不住的。"消极的完美主义者，就是凭借目标的完成情况来评价自身价值的，不仅设立的标准高，且一旦达不到标准，就会强烈地自责。在这样的前提下，必然会感受到更大的压力，滋生更多的负面情绪。

面对同样的处境，最优主义者思考问题的方式截然不同。他们也有很高的期待和目标，但不被"害怕不完美"的想法束缚，也不会陷入极端思维中，不认为稍不完美就是失败。他们会给予自己更大的空间进行调整。实现目标之后，也会获得成就感和满足感。

以作家村上春树为例，他说自己无论状态好不好，每天都会雷打不动地写4000字。如果实在没有灵感，就写写眼前的风景。即便写得不够好，但还有修改的机会和空间，一鼓作气写完第一稿，就是为了能给后面的修改提供基础，最糟糕的是没有内容可修改。

"3P"理论：向最优主义靠近

如果你有消极的完美主义倾向，那么你一定也希望自己可以朝着"最优主义"靠近，以减少情绪上的无谓耗损。哈佛大学积极心理学与领袖心理学讲授者泰·本博士提出过一个"3P"理论，对消除适应不良型的完美主义有一定的帮助：

◆ Permission——允许

接受失败和负面情绪是人生的一部分，要制定符合现实的目标，采用"足够好"的思维模式。不必要求自己达到令人望尘莫及的高度，符合60分的标准，就要给自己一些鼓励和认可。

◆ Positive——积极面

看事物的时候，要多寻找它的积极面。即便是失败，也要把它当成一个学习的机会，看看是否能够从中学到点儿什么。

◆ Perspective——视角

心理成熟的人，具备一项很重要的能力，就是愿意改变看待问题的视角。你不妨问问自己："一年后，五年后，十年后，这件事还这么重要吗？"当我们试着从人生的大格局来看待问题，就像拍照时拉远了镜头，视角会变大，能够看到一个更宽阔的视野。

不要再为不完美为难自己了，我们对事情的主观解释就决定了它们在我们眼中所呈现的样子。很多时候，对失败的恐慌和极度反感，很容易让人陷入困境；从容地接受不完美，试着接受失败，反倒更能靠近想要的目标。

03. 接纳真实的自己，不附加任何条件

那些站在金字塔尖上的人，总能带给人一种自信乐观、激情澎湃、敢于冒险、百折不挠的力量。有时候，我们真的不知道，究竟是这些品质造

就了他们的成功，还是成功让他们变得越来越积极、越来越美好？无论答案是什么，但我们在潜意识已经认定了一点：成功的人、优秀的人，就是这样的！事实是否真的如此呢？

有一个站在塔尖上的人，真实地向世人展示了成功者的另一面。

他毕业于哈佛，顺利从本科读到博士，是哈佛三名优秀生之一，被派往剑桥进行交换学习；他是个一流的运动员，16岁那年获得了全国壁球赛冠军，还传奇般地带领以色列国家队赢得壁球赛的世界冠军，被视为民族英雄；他的"积极心理学"课程，即所谓的"幸福课"在哈佛受欢迎度排名第一；他给世界500强企业做培训获得极高的评价，被誉为"摸得着的幸福"，还因此成为全美课酬最贵的积极心理学大师之一。

或许，你已经猜到了他的名字——沙哈尔。

你相信吗？就是这么一个在世人眼中如此"成功"的人，在接受采访时，竟也会表现出腼腆与害羞。我们印象中的成功激励大师，不应该是激情澎湃口若悬河的吗？怎么会紧张呢？但事实告诉我们，沙哈尔教授就是这样，他看上去很安静，也很冷静，他甚至还说："我曾经不快乐了30年。"这句话让很多人一下子喜欢上他。

提到他的成功秘诀，简简单单四个字：接受自己。

他没有因为自己是专家，就要求自己必须"像"专家；他也不会因为腼腆害羞而自责，也不会为紧张而焦虑，更不会告诉自己不要紧张，或是用什么方式强行压抑紧张。面对这些具体而细微的心理情况时，他只会对自己说：我接受自己的紧张，OK, Go ahead（好吧，继续吧）！

提到自己最初被外派美国培训的三个月，他承认自己一直很紧张，因为在一个新的文化环境里找不到自己的位置。他曾经希望自己像某个同事一样富有感染力，幽默洒脱，他还刻意花费心思去学习模仿幽默，但事实上，他的感觉并不好，因为这种行为和感觉都不够自然。后来，很多人在不经意间向他透露，更喜欢他本真的样子。于是，他又做回了自己，还惊喜地发现，这种感觉特别好。

其实，他的情形几乎每个人都遇到过，只是多数人还没有意识到，全然悦纳自己、接纳自己的不完美，可以解决很多心理问题。我们往往是遭遇了失败，懊恼不已，想着自己为什么不能像谁谁谁一样。于是，我们以后可能就会效仿他人，却总是看到自己的不足，到最后没能和他人一样获得成功，反倒遭受了更大的打击。还是那句话，我们太关注自己的缺陷和不足了，以至于我们眼睛里就只有它，全然忘了自己还有优势可以发挥。

如果我们一直怀疑自己、否定自己，那么生活中的一切也会受到负面的影响。我们心中的那个声音，时刻准备着抓住我们的失误和弱点，然后做出严厉的批评，让我们背负痛苦的情绪，对自己感到失望，摧毁自信。如果能抛开这个声音，完全地接受自己，认为自己是值得爱的、有用的、乐观的，那么不管自己有多少缺陷，曾经犯过多少错，都可以平静坦然地接受，没有丝毫抵触与怨恨。

如何接纳自己？

那么，怎样才算是接纳自己呢？

接纳，意味着接受事实，承认事实。以形象为例，你可能嫌自己胖，嫌自己腿粗，嫌自己的身材比例不完美，那么现在，你要做的就是——关注镜子里的自我形象，试着对自己说："不管我有什么样的缺陷，我都无条件地完全接受，并尽可能喜欢我自己的模样。"

你可能觉得不可思议，明明不喜欢那些缺陷，为什么要接受？如何接受？

首先，你承认镜子里的那个形象就是你自己的模样，接受这个事实，会让你觉得舒服一点。有些部分可能符合你的完美标准，有些部分则不怎么耐看……这时，你不能逃避，不要抵触和否认，而是要放弃完美，放弃"公有化"的标准——即众人眼里、口中的美好，你要用自己的标准来看待自己。这样，你才能够接受自己，肯定自己，关爱自己；也唯有认同现在的自己，才能成为真正的强者。

04. 外界的评判，无法定义你的好坏

索伯格教授是史学界的专家，编撰过很多书籍，成果斐然。学生们都希望老师能够写一本回忆录，把历经的风雨讲给更多的人听。索伯格教授用了两年的时间完成了这本回忆录，学生帮他联系了一名知名出版社的编辑，编辑很感兴趣，花了一周的时间通读全稿后，联系了索伯格教授，表示他们愿意出版这本书，只是有些地方需要做一些改动。

索伯格教授听闻回复后，表示自己最近很忙，但会尽快修改稿子，寄回出版社。可是，两三个月的时间过去了，编辑一直没有收到索伯格教授的修改稿，询问得到的回答是最近很忙。无奈之下，那位编辑只好委托当时联系他的那位学生，请求他去问问教授实情。

学生前往老师家拜访，在老师的书房里，他一眼就看到了放在书架最高层那本厚厚的书稿。书稿的表面已经落了一层灰，看来老师已经打算把它束之高阁了。学生委婉地询问稿件修改的事宜，索伯格教授说："再等等吧，我还没有想好。万一改得不如出版社的意，我宁愿不出版。"

学生瞬间就明白了老师的想法。原来，编辑对文稿的改动意见让索伯格教授产生了焦虑和怯意。他虽然编撰了一辈子的书，但因为之前都是其

他人创作，其质量跟自己没有绝对的关系。可这一次是自己的回忆录，他开始担忧外界的评价了。

外界的评价，不总是事实

人的一生中要做出无数个决策，大到婚恋、择业，小到购物、出行，但无论做哪一件事，都免不了要咨询他人的意见，亦或被他人评议，这些外部环境灌输给我们的观念，通常会直接影响我们的行为。

尤其是准备做一项重要的决定，或是投入到某项事业中时，脑海里最先闪现的，就是怕别人的闲话。这时，内心的焦虑就会让人产生逃避的倾向，甚至会想："我能做好吗？""别人都不曾这样做，我可以吗？""自己的出身如此卑微，会不会被人看不起？"当这些念头涌上来时，整个世界顷刻间似乎都成了自己的敌人，周围都是嘲笑和讥讽的声音，仿佛所有人都在用尺子衡量自己。

这是很多人都会犯的错误，也是普遍存在的消极心理状态。虽说他人的评价有时可以帮助我们更好地认识自己，但这并不代表所有的评价都是正确的，更不意味着你要全盘接受这些评价，并将其中那些否定你的、怀疑你的话视为真理或预言。

美国知名女演员索尼娅·斯米茨年少时曾被班里的一个女生嘲笑长得丑，跑步的姿势难看，为此她还在父亲面前大哭一场。父亲听完后笑了，并没有安慰她说"你很漂亮，跑步的姿势也很好看"，而是说"我能够得着家里的天花板"。

索尼娅·斯米茨不解，她想不到父亲怎么会把话题扯到天花板上，更何况天花板足足有4米高，父亲不可能够得着。望着她疑惑的表情，父亲问："你不相信，是吗？"索尼娅点点头。父亲接着说："这就对了！所以，

或许如何思维，
以思维什么更重要。

你也不要相信那个女孩子说的话，因为不是每个人说的话都是事实。"

不管旁人对我们作出什么样的评价，那都仅仅是他们的主观理解。他们只是从自身的感受出发，而不会试图去了解事情的本质，更不会站在我们的角度考虑问题。

我们无法强求别人从客观、公正的角度来评价任何事情，但我们能够在做任何事情的时候都这样告诉自己：所有的评价都跟我所做事情的实际价值无关，别人的评价不会让我的价值降低，真正重要的是在这个过程中，我是否让自己的生命得到了绽放。

或许，我们都该谨记马克·鲍尔莱因的忠告："一个人成熟的标志之一就是，明白每天发生在自己身上的99%的事情，对于别人而言根本毫无意义。"别人说什么，都只是他们内心的状态，而无法定义我们的好坏。

05. 把天性发挥到极致，就是最大的才华

二十年前，两个孩子正在客厅看电视，这时家里来了客人。

哥哥笑呵呵、有礼貌地称呼客人们，告诉他们自己在幼儿园学会了新歌谣，然后大大方方地在客人面前表演。大人们夸他很棒，他表演完之后，鞠了一个躬，向在场的"观众"道谢。大人们笑得合不拢嘴，说这孩子性格真好，将来到社会上也会备受欢迎。

弟弟的表现完全不同，看见家里来了客人，就躲到了妈妈身后。他不敢抬头，也不再说话。客人问他今年几岁了，他默不作声，最后竟拉着妈

妈的衣角，吵着要出门。当时，不只是客人感到有些尴尬，就连孩子的父母，也觉得这孩子太害羞了，性格内向，不利于将来的学习和发展，还讨论着怎样能让孩子性格变得开朗一些？

二十年后，两个孩子都已长大成人，同坐在客厅的沙发上。

那个曾经在客人面前彬彬有礼的哥哥，一边刷着手机，一边吃着零食。他变得油嘴滑舌、浮躁不安，父母说他不省心，三天两头换工作，没有常性。那个当初害羞得不敢说话的弟弟，却在沙发的另一端看着书，他踏踏实实地上着班，已经成为公司里不可或缺的技术骨干。

性格不分优劣好坏

相信你在生活中，也曾听过或见过类似的情形，把性格与人生捆绑在一起，甚至不惜花费代价去刻意改变内向的特质。其实，性格本身不存在好坏之分，内向与外向是个人对待特定环境两种不同的态度形式，或者说是两种不同的精神系统特点。

糟糕的是，大众化的认知让多数人误以为，外向的人能够在交际上更游刃有余，能够抓住更多的机会；内向者不太懂得表现自己，不太会沟通，会在人生发展上受限。更可怕的是，这种认知直接影响了许多内向性格者本身。他们为了赢得外界的认同，获得他人的好感，不得不假装笑脸。表面上看来，他们是在一步步地改变，实际上他们却让自己陷入了严重的性格冲突中，失去了自我。

世间从来都没有绝对的事。一个性格外向的人，也会有害羞的时候；一个性格内向的人，也会有不畏惧表达自己的时刻。重要的是每个人能够认识自己、接纳自己，不断改变自己对世界的错误认知。内向者与外向者，没有好坏之分，没有谁比谁更出彩，这就如同一把火炬和一只灯笼，外形和材质不同，却都有自己独特的发光方式。

发挥天性，释放本色

有一则寓言故事：国王想整修城里的一座寺庙，派人四处寻找技艺高超的设计师，希望能把寺庙整修得庄严美丽。最后，侍者找到了两组人：一组是京城里有名的工匠，另一组是几位貌不惊人的和尚。

为了看出哪一组技艺更高一筹，国王让他们各自整修一座小庙，且这两座小庙相对而立，三天之后看结果。工匠组向国王要了100多种颜料，以及大量的工具；和尚组只要了一些抹布和水桶等简单的清洁用具。

三天之后，国王来了。工匠组用精巧的手艺和颜料，把寺庙装饰得五颜六色，国王满意地点点头。接着，他又走到对面的小庙前，看看和尚组的工作成果：那小庙非常干净，里面所有的物品都显出了它们原来的颜色，那些东西的表面就像镜子一般，无瑕地反射出外界的色彩：天边的云彩，院子里随风摇曳的树影，还有对面那个五颜六色的寺庙，它们都成了这座小庙的一部分。颜色虽清淡，却给人宁静舒适之感，国王也被它的庄严和质朴感动了。

寺庙的风格特点，本就是宁静与朴质，用大量的颜料涂抹掉本来的面目，纵然光鲜亮丽了，却失去了灵魂。造物如是，做人也一样。

也许你天生不善言谈，那是你的本色，何必忧心忡忡地想要改变，强迫自己在人前滔滔不绝？也许你天生多愁善感，那是你的性情，何必违背内心要显示坚强呢？如果你生性平和淡泊，缺乏冒险的精神与承受力，且对自己现在的生活比较满意，那又何必为了追逐别人口中的辉煌勉强自己做出改变呢？

树有树的风采，草有草的可爱；山鸡披上了孔雀的外衣，终也变不成凤凰；丑小鸭学着天鹅的嗓子，也难成歌王。世上没有完全一样的人，也不存在哪一件事物就比另一件更好。造物主给了每个人独一无二的天性，能把自己的天性发挥到极致，那就是才华。

06. 敢承认弱点，是滋生内在力量的起点

悦儿从一所普通大学毕业后，只身一人到北京打拼。由于没有工作经验，社会阅历也不多，她在工作上频频出错，总是受到上司的批评和同事的埋怨。原本就无所依靠的悦儿，骤然觉得世态炎凉，对待工作也战战兢兢，生怕出点差错被人否定。

渐渐地，悦儿多了一个毛病，对批评之事特别敏感。只要周围的人稍微表达一下意见，哪怕是对她的穿着有不同意见，她都会激烈地辩驳，或是一脸沮丧地表示不满，让人感觉到强烈的抵触情绪。

悦儿特别抗拒集体活动。公司里大都是年轻人，见多识广者不少，多才多艺的也很多，悦儿没什么特长，唱歌还跑调，跳舞就更不用说了，生怕在人前出丑露怯，遭到嘲笑和贬低。自从入职时起，公司组织过三次聚会，而她全部都推托了。

在工作上，她不是想着怎样完成任务或与人沟通，而是琢磨着如何不在人前出错，不被批评？这在现实中是不可能的，智者千虑还会有一失呢！每当被同事指出报告上的纰漏，或是被领导批评时，她的内心就会涌起强烈的负面情绪，沮丧、失落、怨怼，一股脑儿袭来。

陷在负面情绪中，悦儿根本无法进行正常的工作和人际交往，适应情境的能力也不断降低，变得反应阻滞，导致越怕出错越出错的恶性循环。当她感到无力承受时，就会做出逃离的举动，回避那些可能会让自己出错的环境，尽量不参与任何群体活动。可越是这样封闭，她的自尊心就越脆

弱，也更畏惧否定和批评。

有时候，我们也会和悦儿一样，在脑海里想像：如果我做错了，会不会被当成笑料？如果我这样做，会不会有人不高兴？如果我回避，是不是一切都会照常？越是这样想，越胆怯不安。所有的精力和能力，都被繁杂的情绪束缚了。

内心强大的人，不一定在能力上胜过所有人，但他们都有"反内耗"的特质。心理学上对"内耗"的解释是：人在自我管理的时候，需要耗费心理资源。当资源不足时，人就会处在一个内耗的状态，长此以往会让人疲惫不堪，无精打采。

暴露弱点，真有那么可怕吗？未必。
我们不妨听听王蒙在《我的人生哲学》里阐述的观点：

"弱点总是要暴露的，正像优点也总会有机会表现出来一样。而对待自己弱点的坦然态度，正是充满自信且比较容易令他人相信的表现。只要你确有胜于人处、长于人处，某些弱点的暴露反而说明你的弱点不过如此而已，而你的长处，你的可爱可敬之处，正如山阴的风景，美不胜收，那还设什么防呢？"

掩盖弱点这一行为的根源，还在于没有认识到，世间没有完美的人，只有完整的人。所谓完整，就是阴暗与光明共存，好与坏同在，优势与不足兼有，失意与得意皆有。内心强大而自信的人，不是没有弱点的人，而是能够坦然接纳弱点的人；即便自己的某些特质不被他人认同，也不会嫌恶自己。在他们看来，身体上的残缺、能力上的不足，并不是耻辱之事，用不着用掩盖和逃避的方式为自己"撑门面",因为他们在内心深处是认同自己的。

事实告诉我们,遮掩毫无意义,除了耗费心理力量之外,再无其他作用。张德芬说:"凡是你抗拒的,都会持续。因为当你抗拒某件事情或某种情绪时,你会聚焦在那种情绪或事件上,这样就赋予了它更多的能量,它就变得更强大了。"相反,当你承认弱点的存在,不再抗拒它们的时候,这些缺点就不会再消耗你,而你也获得了更多的力量去完善自我。

07. 不排斥他人的活法,也不轻易被同化

原来的林婷是一个标准的职场达人,做事雷厉风行,为人也很踏实,只因为第一家公司的发展平台有限,她在工作三年后才跳槽到现在的单位。她本想着,自己凭借能力,可以大展拳脚,可实在没料到,自己在这里做了两年之后,竟然大不如从前。

办公室是一个封闭而又微妙的空间,表面上看起来平静如湖面,可实际上暗流汹涌。这里,传染最快的不是那种振奋人心的信念,而是那些让人变得倦怠、消极和麻木的人与事。

林婷的周围有太多的"怨男恨女",每天都数落工作和生活里的各种不满,郁郁寡欢的,开始她还是敬而远之,心想着谁没有压力,谁不累?可待得久了,她不知道什么时候也跟他们一样了,开始觉得在公司做下去没什么前途。

更可怕的是,林婷原来是个我行我素的人,可如今却也开始盲目地追求面子,为了攀比而忙碌。办公室里的俊男靓女们,今天拿个 LV 包包,明天又拿个 Gucci 的墨镜;他买了一块劳力士,他换了一辆新车。他们每天也忙,一边干活一边抱怨,辛苦得很,可赚来的钱却都用在攀比上。如果

自己落后了，心里就觉得不如别人过得好。

在这样的环境里，林婷也不得不背上攀比的担子，穿得太寒酸，衣服没档次，就好像无法跟同事们站在一起；她不去了解那些大牌的东西，就好像跟同事们无共同语言。"累，真是累！"林婷总是这样说。这样的生活，让她忘记了内在的提升和修炼，而浮躁的情绪、迷茫的状态却滋生得越来越厉害。

同化效应

职场中经常会出现"同化效应"，即集体中的成员接受了集体潜移默化的影响，自觉或不自觉地产生了与集体的要求相一致的行为，如模仿、暗示、从众、认同等。

积极的同化效应无疑是一件好事，能够给整个环境营造出和谐、奋进的氛围，并且可以促进人际关系的融洽。可怕的是消极的同化效应，如颓废、懒惰、攀比，内心没有足够的定力，很容易就会被卷入负能量的漩涡。

浮躁充满戾气的环境，让人心变得浮躁难安；急功近利、贪图享受的心理，也让人少了几分脚踏实地的干劲。当周围的人都渐渐对生活、对工作没了热情，内心不够坚定、不够淡然的人，必定会跟林婷一样，被悄无声息地"同化"。

竞争是激烈的，是无情的，但真正让人被淘汰的不是竞争，而是心灵上的麻木，进而导致了竞争力和创新力不断下降，再无法适应新的环境、新的发展。对工作没有热情，没有积极性，没有冲动和想法；领导的赞扬，同事的冷嘲热讽，都习以为常，每天一副不争辩的样子，看似是什么都看淡了，实际上是陷入麻木之中了。

保持清醒与独立

高压的工作，堆积如山的事务，千丝万缕的人际关系，工作的每一分钟都如同在战斗。这样的环境，反反复复地冲击着心灵，无疑会让人感到身心疲惫。但疲惫了，不能盲目地听之任之，要寻求解决的办法，调整自己的状态，如果被周围的负面能量吸引着，不肯自拔，不再反抗，只是不以为然和习惯，真的就会成为生活里的"盲人"。

社会和职场，教会了我们生存之道，把我们的棱角磨得光滑圆润，让我们少碰壁，少受伤。与此同时，它也让许多人从最初的叛逆，到后来的精疲力竭，再到慢慢适应、慢慢麻木，变得不再是从前的自己，开始寻找曾经、开始怀念初出茅庐时那不知天高地厚的豪情，那充满希望的蓝图。

身处在正负面能量均有的环境中，信念是不能丢的，掌握内心航向的舵手始终得是自己。往后余生，愿我们都有自己的个性与原则，坚信自己的价值，不排斥他人的生活方式，也不轻易被他人同化，在形形色色的观念中保持清醒与独立。

08. 无人鼓舞的时候，要懂得自我激励

自从同事林科离职后，肖苒的工作状态就一落千丈。

她怀念的不只是林科这个人，而是对工作缺乏掌控力、感到焦虑和不安时，这个人给予她的鼓励和欣赏。这些年，肖苒也去过三四家不错的单位，但很遗憾，都没能够做长久。原因就是，她太需要一个充满鼓励的环

境了，也太需要周围人的认可与赞美，比一般人对此的渴望都要强烈，甚至可以说是依赖。

工作不可能时刻都是顺利的，总会遇到困难和麻烦。面对这些问题，指望领导鼓励你、支持你，基本上是痴人说梦，不挨批、不被扣工资、不被解雇，就已经算是逃过大劫了。所以，出现问题时，大多数人都会琢磨，如何处理好手里的烂摊子，扭转不利的局面。

然而，肖苒却不是这样做的，她会跟领导再三解释，试图把自我之外的一些原因纳入其中，不想承认是自己办事不力。如果领导否定了她，她的挫败感立刻就会涌上来，郁闷许久，无心工作。原本就没完成好任务，又带着负面的情绪，任凭哪个领导见了，也不会喜欢。

在目前的这份工作中，肖苒也遇到了同样的情况。幸运的是，身边有林科这样的同事兼前辈，一直给她鼓励和支持，引领并协助她解决问题。在过去的两年里，肖苒的工作状态很好，潜力也得以发挥。如今，林科因家庭原因要去国外，不得不离职。

林科离开了，随之带走的还有肖苒对工作的热情、对自我的肯定、对未来的憧憬。她感觉自己处在一种无力的状态中，对工作提不起兴致。她私下跟朋友说："如果没有人带着我走，我不知道该怎么走下去，找不到前行的动力。"

朋友推荐了一位咨询师给肖苒，让她借由这个机会去探索一下自己的内心，从内在获得突破和成长。经过半年左右的咨询，肖苒从苦闷和无助中走了出来，她也意识到了一个事实：每个人都渴望并需要外部的支持，但真正决定一个人可以走多远的，永远是自我激励。

自我激励

什么是自我激励？简单来说，就是个体不需要外界的奖励或惩罚手段作为激励手段，就能够为设定的目标自我努力工作的一种心理特征。

不是所有人都会在我们身陷逆境时有条件、有能力伸出援手，更多时候，我们还得靠自己去解决问题。即便面对平淡的日子，外界给予的推动力也难以激发我们真正的动力，唯有发自内心地想去完成一件事，才可能付诸全力。

稻盛和夫在《干法》一书中，把员工分成三种类型：

- 自燃型：不用别人督促就能积极工作，自己点燃自己，还能点燃周围的同事。
- 点燃型：通过谈心开导逐渐喜欢上本职工作，靠别人点燃自己，把光和热散发出来。
- 阻燃型：工作消极，敷衍了事，任何东西都无法将其点燃，只做和尚不撞钟。

三种类型的人，谁能在事业上钻研得更深、走得更远？

答案一目了然。想要成事，终究还得"自我燃烧"。

如何实现自我激励？

◆停止一切负面的、责备自己的想法

不要总是跟别人进行无谓的比较，要多跟过去的自己进行横向的比较。无论遇到什么阻碍，把注意力放在如何解决问题上，而不是怀疑自己、责备自己，这是一种严重的、没有任何益处的内耗。

◆保持自省自知的状态

把自己的个人形象、能力完全建立在他人的评价上，有可能会严重束

缚自己。无论是他人的赞美之词，还是贬低态度，都不必太放在心上，要通过自我思考去建立自己的形象。

◆远离那些消耗自己的人

那些习惯给你泼冷水、不支持你目标、消极悲观、颓靡不振的人，尽可能敬而远之。你所交往的人，会直接影响你的状态和生活。与愤世嫉俗的人为伍，很容易一起沉沦；和积极乐观、行动力强的人一起，你也会备受感染，进而迈出舒适区。

◆设立一个远大又具体的目标

很多人之所以不能达到自己孜孜以求的目标，是因为目标太小、太模糊，让自己丧失了动力。一个远大又具体的目标，才能激发我们的想象力和奋发向上的动力。

◆给自己制造适当的危机感

适当的危机感和紧迫感，往往能激发人的潜能。所以，要学会主动挑战自我，制造一点危机感，促进自我的成长与进步。

努力成为自己的太阳吧！不必借助别人的光，你也可以活得闪闪发亮。